鳥醫生的養鳥小百科

鳥のお医者さんのためになるつぶやき集

U0001497

橫濱小鳥醫院院長
海老澤和莊 著

前言

每天在推特（Twitter）上發文，竟然已經超過一年了。

最初想要分享相關訊息的契機在於，我發現許多飼主其實不太了解與鳥類相關的知識、飼養方法，以及醫療資訊，甚至還有不少錯誤的知識廣為流傳。很多飼主現在則以推特為主，在各大社群網站上積極交換訊息。但我也發現即使訊息來源不太可靠，人們還是很容易相信社群網站上的資訊。例如，假如有獸醫師自作主張地提供意見，飼主就會把「獸醫院說不要給牠們吃〇〇比較好」的說法公開出來，之後可能演變成一項廣傳的網路謠言，久而久之，被飼主們視為正確資訊。網路文章在重複轉載之下，有時會發展成跟原本內容完全不相干的訊息，或者跟原始論文相去甚遠的翻譯版本。

這些訊息來源，從個人主觀見解到有科學根據的論文都有，其中包含各式各樣的觀點。所以在看到這些訊息後，除非能判斷內容的是否具有可信度，否則那些不能對鳥兒做出的行為、不該餵食的東西——這類網路訊息只會越來越多。

但在養鳥書籍較少的日本，飼主實在缺少辨別內容真偽的手段。於是我希望至少每天提供一些相關知識，讓飼主能夠掌握養鳥的正確資訊，才開始利用推特分享所學。

我念高中時，曾經養過一隻藍牡丹鸚鵡，並為牠取名叫POCO。那時的養鳥訊息來源，幾乎只有繁育師出的書，完全沒有飼主之間的訊息交換管道。POCO的性格特別溫馴，不常在屋內四處飛行，甚至放在肩膀上也不會飛走，是隻非常安靜乖巧的鳥兒。

當時的我，單純以為牡丹鸚鵡的習性就是不太喜歡飛，所以去庭院時也都把牠放在肩膀上。如果當時有社群網站的話，我可能上傳這樣的照片，然後被看到的網友痛罵一頓吧。但當時的我，沒有這種被責罵的機會。

於是，事件就在某一天發生了。其實只要對鳥類多點了解，應該都知道發生下面這種事情是理所當然。那天，我帶POCO去庭院玩的時候，牠突然飛了起來，逕自飛上天空，消失了蹤影。當時沒有像現在這麼普及的協尋管道，我只能騎著腳踏車拚命尋找，盡可能在附近張貼尋鳥啟示。結果，我再也沒機會見到POCO了。記得那陣子每天晚上都以淚洗面，現在回想起來，還是會忍不住落淚。

POCO的回憶讓我親身體認到，第一次養鳥的飼主的「自以為」有多麼危險，可以的話，我實在不希望有人再經歷這種慘痛的回憶了。

「tweet」在英文中意指鳥兒的啁啾聲，同時也有「推文」的意思。因為很中意這點，我才選擇推特來分享訊息。目前有幸獲得了不少追蹤數，想分享的內容能被許多人看見，實在讓我由衷感激。透過這次出版機會，我嚴選出想要推薦給飼主的養鳥小知識，再完整補充原本出於字數限制，而無法詳盡解說的內容。本書如果對於您與愛鳥的生活有所幫助，將是筆者無上的榮幸。

二〇二一年十月

橫濱鳥醫院院長　**海老澤 和莊**

Contents

第2章 了解鳥寶的心♡

第3章 鳥寶身體大不同

第4章 了解鳥類醫院・常見疾病

本書內容精選摘錄、增補、修訂自作者的Twitter（@kazuebisawa）。

第1章

日常照料技巧

每天照料鳥寶是飼主重要的工作。
以最新科學情報及研究結果
為基礎的照料技巧，
能夠確實保障鳥寶貝的健康。

隨意蓋上鳥籠布會嚇到鳥寶

平常要特別留意蓋上鳥籠布的時機。假如飼主人都還醒著，或是剛回家就立刻蓋上鳥籠布，鳥寶會覺得「為什麼突然看不到了？」「為什麼不理我？」

如果鳥寶的精神還很好，與其讓牠們睡著，多些情感上的交流互動更重要。但也要留意別讓鳥寶熬夜到太晚了。

人生的幸福感是一天天累積而來的。假如每天都能感到「今天也過得很快樂呢」，加總起來就算是擁有幸福人生了吧。對於享受籠外世界的鳥寶來說，放風以及跟人互動的時間是十分重要的。如果啾友回家後，發現鳥寶好像很想出來玩，即使時間有點晚了，也要盡量讓鳥寶出來放風後，再回籠睡覺，快樂地迎接一天的尾聲。

有些飼主為了抑制鳥寶發情、早點入睡，而在回家後立刻蓋上鳥籠布，但我不太建議這種做法。如果只是想抑制發情，理論上讓鳥寶早點睡覺確實沒錯。但請別忘了，鳥寶是一種情感豐富的動物。

從鳥寶的角度，打造幸福、健康的生活環境

從鳥寶的角度來看，明明滿心期待飼主歸來，卻只換得被冷淡蓋上鳥籠布的下場，一定會感到很失望吧。而且要是鳥寶的需求沒有獲得滿足，會很容易累積壓力。

假如蓋上鳥籠布的時候，鳥寶看起來很睏，或是已經睡著的話，就沒有太大問題。然而，如果鳥寶在精神很好的狀態下被蓋上鳥籠布，因為四周突然陷入一片黑暗，加上看不到人，卻能聽見周遭還沒睡的飼主，發出各種聲響和說話聲，鳥寶會因此累積相當大的壓力。

自拔羽毛，也是因為鳥寶壓力太大

我曾遇過一隻被送到醫院治療的桃面愛情鸚鵡，聽說飼主一大早掀開鳥籠布，發現籠子裡散落著大量羽毛。診療時，我發現牠身上處處都有拔掉羽毛的痕跡。這位飼主平日大多晚上十點回到家，為了抑制鳥寶發情，所以一到家就會立刻蓋上鳥籠布。我建議飼主完全不要使用鳥籠布，回家後盡量與鳥寶互動到牠滿足為止，睡覺時也將籠子移到能看見飼主的地方。不久後，鸚鵡慢慢停止了自拔羽毛的行為，羽毛也重現原本的豐潤。

每天累積了不少壓力的鳥寶，有時候會突然拔起自己的羽毛。幸福，要從每日的滿足中感受到。請試著讓鳥寶快樂、滿足地度過每一天。

不過，還是要避免熬夜打亂生理時鐘，為了人與鳥的健康著想，早點睡比較好。只要人早點就寢，鳥寶也會跟著入睡。藉由好好控管鳥寶的飲食，即使牠醒著的時間比較長，也不至於誘發強烈的發情反應。

水浴的秘密

水浴的目的除了可以為鳥寶補充身體的水分，也可以達到清潔羽毛、降低體溫和紓解壓力的功效。雀科的鳥類為了維護羽毛的健康，水浴是日常生活中必要的環節。假如無法進行水浴，羽毛會容易分岔。在氣溫偏高、濕度偏低的氣候下，鳥類有喜好水浴的傾向，不過還是有品種及個體上的差異。

水浴的頻率，要根據原本棲息地來調整

對鸚鵡、鳳頭鸚鵡、雀科的鳥類來說，水浴是洗淨及維持羽毛健康的必備活動。水浴也能達到身體保濕、降低體溫、紓解壓力的效果。基本上，鸚鵡、鳳頭鸚鵡科的鳥類即使沒有特別進行水浴，羽毛的健康狀態也不至於太差。水浴的頻率，要考慮到鳥寶原本棲息地的降雨量而定。

例如，棲息在熱帶雨林氣候地區的雨傘巴丹鸚鵡、金剛鸚鵡、亞馬遜鸚鵡、灰鸚鵡、吸蜜鸚鵡類，

在健康狀態下，一週大約要進行兩次水浴。野生鳥通常會在下雨時進行，因此假如你的鳥寶不排斥，也可以使用花灑。每隻鳥寶偏好的水浴頻率及方法各有不同，所以進行時要記得觀察鳥寶的反應。

至於棲息在草原氣候及熱帶草原氣候地區的虎皮鸚鵡、玄鳳鸚鵡、葵花鳳頭鸚鵡等品種，即使水浴頻率較少，也不會有太大問題。飼主平常不用太過積極，只要在鳥寶需要時協助水浴即可。因為太頻繁進行水浴，反而會使羽毛的健康狀態惡化，所以需要特別留意。

在雀科的鳥類當中，棲息在熱帶雨林氣候地區的文鳥，平日特別需要水浴，頻率如果不夠，會造成羽毛分岔、屁股周圍沾染髒污，因此就算每天進行水浴也沒問題。至於同屬雀科，棲息在草原氣候地區的斑胸草雀和七彩文鳥等鳥類，即使偶爾才洗一次水浴，羽毛也不太容易分岔，所以依照鳥寶的喜好來進行即可。

鳥寶若突然抗拒水浴，要檢查飼養環境

鳥類的品種與水浴頻率的關聯性，可能跟尾脂腺分泌物的質與量有關，不過這點尚未獲得證實。雀科的鳥類不太喜歡那種從上方灑下，如同沖澡的水浴模式，為牠們準備水位能浸泡至腳部的容器最為理想，方便鳥寶清洗全身及泄殖腔周圍的髒污。

不過，就算同屬雀科，也有天生害怕碰水的鳥寶。原本牠們可以透過觀看同伴水浴來學習同樣的動作，卻因為沒有機會觀摩而感到恐懼。若是這種狀況，飼主可以保定鳥兒，將泄殖腔周圍肉眼可見的髒污清洗乾淨。然而，有時候鳥寶的屁股容易沾染髒污，不是因為沒有順利進行水浴，而是因為頻尿、糞便狀態或排便不順等問題所致。當髒污明顯增加時，請帶鳥寶去醫院就診吧。

此外，氣溫偏高或鳥寶壓力過大時，也會有水浴頻率上升的傾向。假如牠們看起來比平常更想進行水浴，就要花點心思檢查飼養環境的溫度，留意牠們是不是感到被忽略了。

受到驚嚇的原因

當鳥寶受到驚嚇時，有些會試圖判斷狀況，有些會立即選擇逃跑。試圖振翅逃離的鳥寶，除了特別容易受驚，也比較容易傷害到翅膀。尤其是夜間看不清周遭狀況時，更容易陷入恐慌、胡亂掙扎。假如鳥寶晚上不小心受驚，請試著開燈安撫鳥寶的情緒。

鳥跟人都需要從經驗中學會面對恐慌

遇上地震或打雷等狀況時，鳥寶的行動大致可分為兩種：一種是不會馬上有動作，只是緊張地查看四周再行判斷；另一種則會反射性地展開翅膀，在籠內亂衝亂撞、陷入恐慌狀態。鳥寶會依經驗與性格，選擇採取什麼樣的行動。有些鳥寶剛開始會因為搞不清楚狀況而緊張不已，不過幾次經驗之後，就會知道發生的狀況不會危及性命，慢慢不再那麼緊張了。

但有些鳥寶無論經歷過多少次，還是很難習慣，所以遇上狀況仍會以逃命為優先，一受到驚嚇便立刻陷入恐慌、四處亂竄。這跟品種有一定程度的關聯性，但同一種鳥也會有不同的個性。假如發現家中鳥寶容易受到驚嚇，晚上出現突發狀況時，可以先趕緊開燈照亮空間，讓鳥寶安心查看所處環境。

至於出聲呼喚或伸手撫摸，這類想讓鳥寶冷靜下來的行為，就要視情況做判斷了。有些鳥寶聽到人的聲音或被撫摸，反而會更難做判斷。所以飼主要了解鳥寶的個性，才能做出適合的應對措施。

曬日光浴可以維護健康

鳥類從尾脂腺分泌的維生素D前體麥角甾醇，在照射到紫外線之後會轉變為維生素D。此時需要照射到中波紫外線（UVB），但這種紫外線幾乎無法穿透玻璃，因此讓鳥寶透過窗戶做日光浴，其實沒有什麼效果。由於不需要強烈的日光直射，所以在有紗窗的地方進行就可以了。

不給鳥寶吃人類的食物

相信有不少飼主都會想做些讓鳥寶開心的事情，但要注意的是，鳥寶越高興，也越容易埋下更大的壓力來源。期待，往往是在了解後才產生。像一些可能引發鳥寶喜悅情感的事情，比如餵食人類的食物，鳥寶吃過一次之後會開始產生期待心理。

但不是每次都吃到的情況下，鳥寶會因此累積壓力。其實如果完全沒有接觸過人類吃的食物，就不會出現這種期待。而且吃過人類食物的鳥寶，很容易亂拔自己的羽毛，所以最好不要隨便餵食人類的食物。假如你家鳥寶吃過了，今後要盡量避免在牠們面前吃同一種食物。

吃乾飼料反胃的原因

鳥寶吃乾飼料（pellet）出現反胃甚至嘔吐狀況，主要來自飼料卡在喉嚨或食道所引起。原因可能出在吞太大口或吃太快，若這種狀況一再發生，可能會有誤嚥的風險，所以最好將飼料換成沒辦法一口吞下的類型，或搗成細碎狀、慢慢分次給食，避免鳥寶吃得太急太快。

乾飼料吃得太急，容易引發吞嚥意外

每隻鳥寶進食的方法都不太一樣，例如：①咬得細碎後再吃、②咬碎到可以吞嚥的大小再吃、③如果接近可吞嚥的大小，就一口吞下……。無論是哪種吃法，只要速度不過快，或者進食中有出現邊喝水、把飼料泡水再吃之類的行為，就不會有太大的問題。

但有些鳥寶就是性急，總是吃得又急又快，食道裡明明還有飼料，卻仍然大口吞嚥，導致飼料容易卡在食道中。當鳥寶明顯感到不適，

就會扭動頸部、做出反胃或快要嘔吐的動作，有時候會真的吐出來。假如你發現鳥寶進食時有這些反應，代表可能有誤嚥（食物進入氣管）風險，最好趕快改變餵食的方法。

正在實行飲食控制的鳥寶，可能會因此急著進食。這時不妨減少一次性的飼料量，並增加當日餵食的次數。

先碾碎乾飼料，避免鳥兒大口吞食

假如鳥寶喜歡大口吞飼料，或者沒有咬碎再吃的習慣，可以選擇沒辦法一口吞下的大粒乾飼料，也可以事先把乾飼料碾碎再進行餵食，然後旁觀察牠們的進食狀況。

當鳥寶時常出現嘔吐反胃的動作，可能潛藏有：禽胃酵母菌感染、滴蟲症、隱孢子蟲症、胃炎、胃腫瘤（請參考第四章）等疾病的風險。假如嘔吐反應只有在吃乾飼料時出現，那應該沒什麼太大的問題，但如果在用餐以外的時間，也看到鳥寶出現嘔吐反應，就要趕緊帶去醫院檢查了。

讓鳥寶更容易吃進乾飼料
推薦使用研磨機

手動類型

電動類型

手動研磨機可以選擇咖啡豆專用款式。電動研磨機則挑選能將乾貨磨成粉狀、細碎狀的調理機。除此之外，也可以選擇研磨缽。

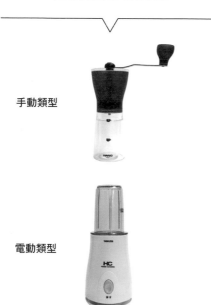

留意鳥喙上的乾飼料殘渣

有些鳥寶不適合吃乾飼料，最常見的狀況有：因大口吞食而噎到，以及口內炎。口內炎尤其好發在玄鳳鸚鵡身上，主要是因為食物殘渣容易殘留在口腔內，或者唾液分泌過多所引發。有時候變化出現在鳥喙上，若發現鳥寶的嘴角卡了一些食物殘渣時，就要特別留意了。

可能引發口角炎、口內炎的原因

鳥類的口腔並非一直處於濕潤狀態，但平常還是會適量分泌唾液，避免口腔過度乾燥。不過，唾液量有個體的差異，當分泌量較多時，嘴角就特別容易卡到食物殘渣，進而引發口角炎或口內炎。特別是乾飼料，在咬碎成粉末狀之後，較容易與鳥寶的唾液混合，附著在嘴角或口腔內部。

感染口角炎之後，鳥寶的嘴角會經常出現難以輕易除去的痂狀物。如果感染的是口內炎，則是口腔內部發紅、黏液增多。假如經常在鳥寶的嘴角或口腔內發現食物殘渣，就要每天幫忙鳥寶清潔嘴角或口腔，預防發炎。

鳥喙周邊的日常護理，建議在保定鳥兒之後，拿沾有中性電解水的細綿花棒細心擦拭。假如不知道該怎麼處理，不妨諮詢醫院的護理人員。

卡在玄鳳鸚鵡嘴角的乾飼料殘渣，讓嘴角看起來髒髒的。

吃飯

豆苗是很棒的餵食蔬菜

豆苗就是豌豆的幼苗。偶爾會看到豆苗含有大豆異黃酮的訊息，但這是誤傳，黃豆製品才有這項成分。雖然豆苗含有微量甲狀腺腫素，不過目前還沒有鳥類攝取後造成甲狀腺腫大的相關報告。假如鳥寶平常有攝取適量的碘質，就可以選擇餵食豆芽。

豆苗的營養價值高，也不會誘發鳥寶發情

豆苗是豌豆的幼苗（發芽菜）。與原本的種子狀態相比，豆苗的胡蘿蔔素高達三十一倍，維生素E是十六倍，維生素K十三倍，葉酸則是五倍。豆苗跟種子及豌豆生長後的其他部位相比，含有豐富的營養和酵素，最適合當作餵食的蔬菜。

有傳聞說鳥類吃了豆苗容易發情，主要原因是誤以為豆苗也含有大豆異黃酮。大豆異黃酮是一種天然的植物性雌激素，具有與女性荷爾蒙相同的作用，但含有大豆異黃酮的是黃豆，同屬豆科植物的豌豆其實沒有這項成分。

此外，我也聽過豆苗中含致甲狀腺腫物質——甲狀腺腫素，應盡量避免餵給鳥類吃的說法。不過，豆苗含有的甲狀腺腫素相當微量，沒有必要特別擔心。其他包括小松菜、小白菜、高麗菜等十字花科的植物，也含有甲狀腺腫素，但平常只要有攝取適量的「碘質」，就不用擔心鳥寶罹患甲狀腺疾病。碘質可以透過鳥類的「日常綜合維他命NEKTON-S」來攝取，餵食種子飼料時記得補充即可。乾飼料因為本身含有適量的碘素，所以沒有必要進行額外補充。

了解種子的營養價值

加納利子常被當成鳥寶變胖的原因，但事實並非如此。加納利子的脂肪含量是6.7%，只比其他穀物的含量高一點而已。重點在於加納利子的蛋白質含量高達21.3%，只要在種子飼料中添加10～20%的加納利子，便能補足鳥寶平日缺乏的蛋白質。不過，主食還是比較建議餵食乾飼料。

加納利子是一種富含蛋白質的種子飼料

加納利子常被認為是造成鳥寶發胖的原因之一。不過，加納利子的卡路里事實上沒有特別高，可能是因為鳥類普遍喜歡這款飼料，才會吃太多導致身材變胖吧。

加納利子的脂肪含量是6.7％。跟日本稗粟的3.3％相比雖然偏高，但也比麻子（28・3％）、紫蘇子（43・4％）、葵花子（51％）等種子飼料的脂肪含量低了不少。加納利子的特徵是蛋白質含量較高，達21・3％，像日本稗粟的蛋白質含量只有9.4％。

蛋白質是穀物中比較容易缺乏的營養素，因此若是選擇餵食種子飼料，建議另外添加10～20％的加納利子，為鳥寶補充足夠的蛋白質。但光靠加納利子，也無法提供必需的胺基酸。所以平日除了種子飼料之外，也一併餵食乾飼料的話，就不用太擔心營養方面的問題了。

加納利子
禾本科 草屬。

種子飼料的簡易營養一覽表

這裡將常見種子飼料的營養含量製作成一覽表。
可藉此掌握不同種子飼料的特性。

（單位：%）

	水分	蛋白質	脂肪	碳水化合物	礦物質	kcal
小米	13.3	11.2	4.4	69.7	1.4	346
日本稗粟	12.9	9.4	3.3	73.2	1.3	361
黍米	13.8	11.3	3.3	70.9	0.7	353
加納利子	-	21.3	6.7	68.7	2.6	399
燕麥	10.0	13.7	5.7	69.1	1.5	344
蕎麥	13.5	12.0	3.1	69.6	1.8	339
藜麥	12.2	13.4	3.2	69.0	2.2	523
紫蘇子	5.6	17.7	43.4	29.4	3.9	350
麻子	4.6	29.9	28.3	31.7	5.5	450
葵花子	4.7	20.8	51	20	3	584

※加納利子的數值主要參考「Canary Seed Development Commission of Saskatchewan, 2016」。
※葵花子的數值主要參考「美國農業部官方網站」。
※加納利子、葵花子以外種子的數值主要參考「日本食品標準成分表2020年版（修訂八版）」。

為什麼要餵食蔬菜？

餵食蔬菜可以讓鳥寶攝取充足的β-胡蘿蔔素，以及增添多樣化飲食。β-胡蘿蔔素具有抗氧化作用，攝取後會轉化成維生素A，而且只會轉化需要的分量，不至於過度攝取。此外，餵食新鮮蔬菜也能為鳥寶帶來不少生活樂趣。

多多嘗試各種乾飼料

以乾飼料為主食的話，最好不要只選購單一廠商的產品，讓鳥寶習慣不同製造商的產品會比較安心。因為有些評價特別好的乾飼料，是從國外進口的，有時可能會因為變更材料或生產批次不同，而有味道、顆粒大小、軟硬度上的差異，導致鳥兒挑食甚至拒吃，也可能因為製造過程、進口物流的延遲，造成缺貨等狀況，這時可用其他選項遞補。

小心水果種子造成食物中毒

蘋果、梨子、桃子、李子、櫻桃、杏桃、梅子、枇杷等水果的種子，由於都含有扁桃苷，食用後會在體內產生具有毒性的氰化氫，可能合併出現食物中毒的反應，包括呼吸困難、嘔吐、脈搏虛弱、失去意識等症狀。有的地方會公開標示這些水果籽不可食用，不過只吃果肉就沒問題了。

對鳥寶來說 酪梨有毒

酪梨含有一種名為帕爾森（Persin）的脂肪酸衍生物，而且也是有殺菌作用的毒素，對人類無害，但對鳥類來說是有毒的物質。具體的致死量會依品種及個體差異有所不同，不過有相關報告指出，以虎皮鸚鵡為例，只要攝取到1公克就會立刻出現症狀，24～47小時之內就可能導致死亡，症狀主要是嘔吐及呼吸困難。請千萬別讓鳥寶接觸到酪梨。

牡蠣殼粉的 吸收率偏低

牡蠣殼粉含有47.5%的鈣質。這些鈣質成分屬於氧化鈣（石灰），在鳥寶攝取後，會與水分產生反應，成為強鹼性的氫氧化鈣（消石灰）。牡蠣殼粉一般是作為營養補充品使用，但出於在鳥寶的胃中較不易溶解，若是當作鈣質的主要補給來源，會導致整體吸收率較差。

烏賊骨是優質的 礦物質來源

烏賊骨（海螵蛸）是烏賊的內殼。主要成分含85%的碳酸鈣，以及鎂、磷、鋅、鐵、鈷、銅、錳、鈉、鉀等礦物質及甲聚糖。烏賊骨的結構較脆、易分解，對胃也比較溫和，整體來說比牡蠣殼粉值得推薦。

醒來馬上吃容易發胖

據說野生鳥之所以不會飲食過量，是因為用餐前都在外飛行。運動能夠刺激交感神經的活絡，也不容易出現食慾過剩的狀況。家鳥由於用餐前沒什麼機會運動，所以很容易不小心吃太多。當你發現鳥寶明顯變胖時，除了要實行飲食控制之外，也要多讓鳥寶有機會飛行、運動。

先運動、再用餐 對鳥寶來說最為理想

野生鳥會在夜間歸巢棲息，天亮了便前往獵場積極覓食。以鳥類原本的生理機制來說，應該是飛行、活動身體後才會進食。休息時「副交感神經」會較為活絡，但活動身體後反而變成「交感神經」進入活絡狀態了。

換句話說，鳥類本來就是在「交感神經」活絡的狀態下用餐。這點對許多動物來說也一樣，畢竟野生動物必須活動身體才能覓得食物。或許是因為這種生存環境，才能抑制過剩的食慾，成為野生動物不會過度肥胖的原因。

另一方面，被飼養在籠中的鳥寶，往往早上一醒來就有飼料吃。由於才剛經過充分休息，正處於副交感神經活絡的狀態，因此食慾會比較旺盛。所以若在食慾亢進狀態（指食慾過度旺盛）下，刻意控制飲食的話，鳥寶反而會陷入飢餓狀態，為鳥寶的身心帶來壓力。

理想的做法是，在鳥寶進食前安排較高強度的運動項目（參考第24～25頁），再讓牠們用餐，而且還能有效同時抑制肥胖和發情的症候。

運動

讓鳥寶積極活動！

有時即使飲食控制到極限，鳥寶還是瘦不下來。而且一旦身體進入節能狀態，就會有氣無力，動都不想動。為了避免這種情況發生，要多為鳥寶製造運動機會。用飼料誘導牠們連續飛行，從早晚各一次做起，每次大約在五分鐘內，讓鳥寶活動到喘氣的程度，就能看到一定成效。

等到鳥寶養成運動習慣之後，再進一步增加活動時間和次數即可，請適度確認鳥寶的身體狀況。當然，假如健康狀況不佳，或是年紀比較大的鳥兒，就不用太過勉強。運動本身所消耗的卡路里並不多，目的在於提升身體的代謝率。當代謝率上升，鳥寶的飲食攝取量也能隨之往上調整。

對鳥寶來說，抒發壓力最健康的方法就是飛行。喜歡獨樂樂的鳥寶或許會活潑地四處飛行，不過那種將飼主視為同伴的鳥寶，會採取相似的行動，所以如果飼主在原處不動，鳥兒也會一直待在原地，這樣就無法達到放風運動的目的了。若是這種情況，飼主也必須跟著移動，才能強化鳥寶飛行的動力。

透過運動來避免因節食造成的「節能狀態」

飲食控制會降低身體的代謝率，造成脂肪囤積，鳥寶自己也會盡量減少活動，進入減少消耗卡路里的「節能狀態」。這種情況下，即使最大化減少鳥寶的食量，也很難瘦下來。節能狀態來自腎上腺皮質分泌的腎上腺皮質荷爾蒙（皮質酮），是一種在饑餓感下保護身體的防禦反應，也是自然的身體反應。

若要避免鳥寶進入節能狀態，運動最為有效。雖然必須長時間運動，才能消耗卡路里，但運動的目的除了消耗卡路里，也包括提升基礎代謝率及維持精神健康。運動會刺激交感神經，分泌去甲基腎上腺素（Norepinephrine），提升基礎代謝率。此外，運動能藉由提高血壓來改善血液循環，也能促進腦內分泌兒茶酚胺激素，達到強健精神及紓解壓力的效果。

喜歡獨樂樂的鳥寶，不用催就會四處飛舞，不過對於家鳥來說，這種活動量還是不太夠。為了讓鳥寶充分運動，飼主也要從旁多多鼓勵，讓鳥寶「愛上運動」。

飼主誘導鳥兒運動，才能有效增加活動量

愛上運動①：拿飼料給鳥寶看

想讓鳥寶運動，簡單來說，就是拿飼料利誘。許多鳥寶空腹時看到

拿出鳥寶喜歡的種子或點心。
把食物擺在稍遠的地方，促使牠移動。
將距離越拉越遠，藉此強化鳥寶的活動量。

飼料，會不由自主飛過來。飼主可以利用這點，用手拿著點心等食物，在鳥寶看得到的距離出聲呼喚，站在稍微遠一點的地方會更好。當鳥寶飛來之後，就給一顆飼料，然後再移動到離牠稍遠的位置，再拿出食物來叫喚牠。重複這個過程，鳥寶就能連續進行飛行運動了。

愛上運動②：讓鳥寶追著跑

假如鳥寶看到食物也不飛過來，飼主不妨先躲起來試試看。有些鳥寶發現看不到人就會追上來，代表這個方法很有效。另外，如果鳥寶將飼主視為同伴，就會採取相同的行動。因此飼主先移動，再讓鳥兒追上來，也是個不錯的方法。

愛上運動③：飼主的身體就是遊樂場

若上述的方法都沒效，可以改成讓鳥寶停在手上或手指上，用牠不至於起飛的速度往下移動，促使鳥寶拍動翅膀。重複幾次之後，鳥寶就能自然地拍動翅膀了。如果鳥寶的翅膀或肩部關節無法隨意活動，也能用點心誘導牠在地上跑步或爬到人的身上來做簡單的運動。

運動時間可以從早晚各五分鐘做起，讓鳥寶活動到頻頻喘氣的程度，就能看到一定的功效。當鳥寶習慣後，可以增加運動的次數或拉長單次的活動時間。不過，若鳥寶生病，或者處於換羽期、待產期，就不要勉強了。還有高齡或體力不太夠的鳥寶，也要克制運動的強度。

讓鳥寶停在手指上，盡可能往下移動。這個動作能讓鳥寶做出振翅的動作。

手上拿著種子或點心，誘導鳥寶爬到身上。特別適合不太擅長飛行、喜歡走路的鳥寶。

溫度調節與身體健康的關係

為了避免溫度變化造成鳥寶身體不適，主要有兩種方法：①改變周遭環境溫度、②改變鳥兒的體質。①將室溫控制在一定溫度，雖然能避免鳥寶感到不適，但切換自律神經的能力也會較弱。②將鳥寶飼養在有一定溫差的環境，藉此逐漸適應溫度變化，同時培養切換自律神經的能力。

〈 當體溫下降時…… 〉

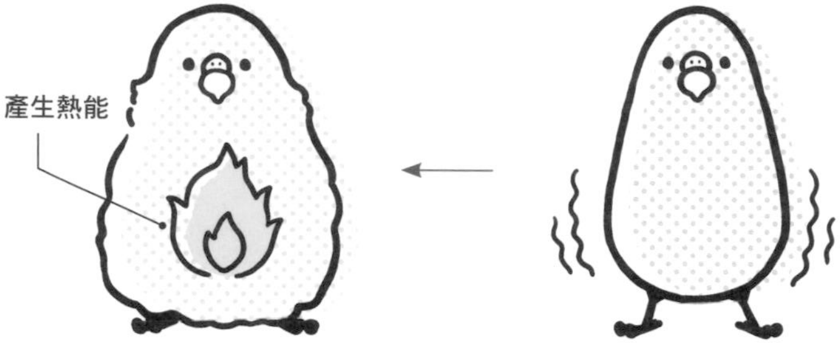

體內產熱，膨羽保暖。

〈 當體溫上升時…… 〉

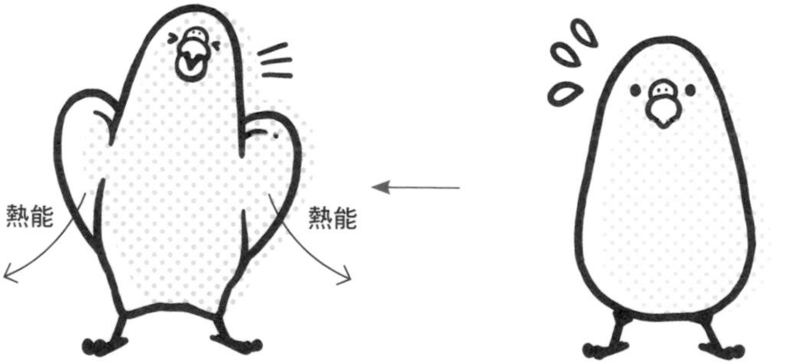

將身體產生的熱能控制在最小限度，透過呼吸及散熱來降溫。

自律神經對於保持恆常性有很重要的作用，能讓身體維持在穩定的狀態。比如體溫下降時，身體會自動提升體溫，並設法維持住溫度。如果切換自律神經的能力較弱，當體溫下降時，溫度上升的速度就會比較緩慢。不妨依據年齡及身體狀況，來考慮①和②之間的平衡。

鳥類能適應溫度變化，是由於自律神經發揮作用

野生鳥的身體必須夠強健才能自然環境的溫度變化。若身體不夠健康，剛出生的雛鳥也會被淘汰，無法順利存活下來。

像鳥類這種恆溫動物，為了保持一定的體溫，身體都具備自行調節體溫的機能。當體溫下降，身體會自動產生熱能，透過膨羽來保暖，以維持正常的體溫；當體溫上升，則將身體產生的熱能控制在最小限度，透過呼吸及散熱來降低體溫。

這種穩定身體的機制，稱為「恆常性」，而維持恆常性的重要角色即為自律神經。自律神經又分為交感神經與副交感神經，交感神經負責收縮血管、促進脂肪組織代謝、提升心跳速率使體溫上升等機能；副交感神經則有抑制交感神經的作用，並使血管擴張，抑制熱能的產生並降低體溫。

然而，若飼主平日太頻繁調整環境溫度的話，鳥寶的自律神經就沒有什麼機會派上用場，身體將難以應付溫度的急速變化。許多飼主怕鳥寶冷到，覺得保持室溫溫暖是理所當然，這麼做雖然能暫時避免鳥寶感到不適，卻也是造成原本健康的鳥寶身體轉而衰弱的原因。為了鍛鍊鳥寶的體能，在有溫差的環境下，平日有規律的進行一些高強度運動，就能促使自律神經好好發揮作用。但僅限於鳥寶很健康的狀況才行，若是正處於換羽期、年紀大或生病的鳥寶，請務必為牠們調節環境的溫度。

養一隻以上，同品種最理想

如果想養多隻鳥寶，建議選擇同品種的會比較好。不同品種的鳥寶，經常出現因社交溝通不順利而情緒不滿的狀況。有相關報告甚至指出，即使是同品種的鳥寶，若非從小一起長大，雙方之間的交流能力也會較為低落。所以如果要飼養兩隻以上的鳥寶，建議選擇同品種並同住在一起，從小親自餵食，或與親鳥共同養育雛鳥。

品種的差距，等於溝通上的差距

一旦有機會被鳥寶身為伴侶動物（companion animal）的可愛、美好、充滿感情的面貌擄獲，許多飼主難免會在心中閃過「想養不同品種看看」的念頭吧。但鳥類在品種上的差異，等同於溝通上的差異性，甚至出現無法好好相處的狀況。如果不同品種的鳥寶之間交流不順，反而會讓雙方累積不少壓力。

以桃面愛情鸚鵡為例，這種鳥類非常喜歡成雙成對行動；反觀玄鳳鸚鵡，就算成對也不見得常常膩在一起，而會稍微保持一點距離。不同品種的鳥類，連整理羽毛的時間也不同，時間過長或太短，都可能引發雙方之間的不滿。

由人從小養大的鳥寶，欠缺對同種鳥類的溝通能力

即使都是被人類從小養到大的同品種鳥寶，牠們之間的溝通也不見得順暢。舉例來說，現在你家裡已經有養鳥了，打算再迎接另一隻相同品種，而且是由別人養大的鳥寶。假設新來的鳥寶將

新飼主當作同伴，那飼主在與其他鳥寶交流時，新來的鳥寶就會出現嫉妒反應。但即使新來的鳥寶，將同品種的鳥寶視為同伴，雙方也不一定合得來。被人類從小養大的鳥寶，因為沒學過與同種鳥類的溝通方法，所以即使品種相同，可能也會互相排斥。

打造讓同品種鳥兒安心生活的共享環境

飼養複數鳥寶時，代表牠們會在同一個空間形成同類群體。就像我們人類，也會因為與他人溝通不順，必須在格格不入的群體內生活，而累積不少壓力。以日常生活來說，是否能全力提供鳥寶關係穩定的群體環境，堪稱飼主的重要任務。為了打造讓鳥兒放心度日的共享環境，讓同種鳥寶住在一起是重要的第一步。

從雛鳥時期開始就活出「鳥生」該有的樣子

接下來，就必須讓同種的雛鳥從小一起生活，學習同伴間的溝通方式。

比較簡單且可行的方法，我會建議同時養兩隻以上的雛鳥，而且要讓牠們住在一起。本來雛鳥都是在鳥巢中與親鳥或兄弟姊妹一起生活，藉此建立溝通能力。即使沒有親鳥在，跟同種的雛鳥一起長大，至少能學習和體會到鳥類之間的距離感、觸感及溝通模式。

最推薦的方式：與親鳥共同養育雛鳥

最好的方式還是「共同養育法」。亦即在親鳥養育雛鳥時，一天將雛鳥從巢裡移動出來數次，來習慣與人類接觸。不過，先決條件是親鳥本來就很親近飼主。雖說自家繁殖會耗費不少心力，但對雛鳥而言，這種做法除了可以充分感受到親鳥的關愛、學會如何與同種鳥類溝通，也能習慣與人類親近，是養育鳥寶最理想的方式。

雛鳥期就是鳥寶的成長期

鸚鵡科、鳳頭鸚鵡科、雀科的成長期，在離巢時就幾乎結束了。鳥類的成長期不像哺乳類那麼長，離巢以後就會停止成長。而雛鳥時期的營養狀態、性格和體質等細節，足以左右一生。所以在雛鳥離巢前，白天盡量不要讓牠們處於空腹狀態，頻繁地進行餵食吧。

鳥類的身體在離巢之後，幾乎不會繼續成長

鳥類的成長期不像哺乳類那麼長。以狗為例，小型犬是8～10個月，大型犬是15～18個月；但鳥類的成長期，幾乎在離巢時便已結束。像鸚鵡、鳳頭鸚鵡科的小型鳥，大約是30～40天；中型鳥是1.5～2個月；大型鳥則是2～3.5個月。由於離巢後身體不會繼續長大，故離巢前的營養攝取就相當重要了。雛鳥時期的營養狀態，會影響鳥寶一輩子的體格和體質。

準備飼養雛鳥時，有些寵物店會說「一天用餵食器灌食餵三次就夠了」，但這種做法其實大錯特錯。親鳥在養育雛鳥時，每天都會頻繁餵食多次，只要雛鳥想吃，親鳥就會設法立刻餵食，雛鳥的嗉囊經常被塞得鼓鼓的。所以人工飼養時，也應該隨時讓雛鳥維持在嗉囊中有食物的狀態。

讓雛鳥吃飽飽 嗉囊中隨時要有食物

一天灌食的次數，要由雛鳥一次的進食量和嗉囊的鼓起程度來決定。以嗉囊裝滿食物來說，鸚鵡、鳳頭鸚鵡科是胸部（實際上是胸部上方的部位）會鼓起；燕雀科則是脖子的右側會鼓起。若是單次進食量較少，或通過消化管的速度較快，則必須在嗉囊清空前進行灌食。食物越多，通過嗉囊的速度就會越快，食物少的時候，通過的速度就會變慢。

有人說要等雛鳥空腹，亦即嗉囊收縮到極小狀態時再進行灌食，這個觀念其實是錯的。若等到嗉囊清空才餵食，會減少許多雛鳥一天能攝取的食量。

不過，當雛鳥出現食滯（※）症狀，或者嗉囊內的食物結塊時，有可能是灌食飼料的做法有問題，或出現胃腸相關疾患。若是如此，請盡早帶雛鳥到醫院就診。隨著離巢的時刻接近，雛鳥的食慾會變得不太強烈，體重也會稍微下降，這時可以逐漸減少灌食的次數，並且開始準備改餵乾飼料。

※食滯：食物囤積在嗉囊內部，造成細菌繁殖所引發的消化不良狀態。

親鳥灌食的秘密

親鳥會將反芻到嗉囊裡的半消化飼料餵給雛鳥吃。這時雛鳥攝取到的不僅是飼料，也包括親鳥嗉囊中的黏液和細菌。黏液可以避免雛鳥嗉囊中的飼料結塊，這點對剛出生的雛鳥尤其重要，畢竟即使飼主特別製作糊狀飼料，也可能因為雛鳥出現食滯症狀而無法正常攝食。此外，正常菌叢也具備抑制壞菌增加的功效。

親鳥灌食的飼料，包含保護身體的細菌

鳥類的嗉囊是一種能夠暫時儲存食物的器官。嗉囊存的細菌，會與腸道一樣形成菌叢（※）。這些細菌的主要作用在於分解食物、降低嗉囊中的pH值，以及防止壞菌繁殖。原本嗉囊的正常菌叢，會透過親鳥反芻的飼料，來讓雛鳥攝取。但在人工孵蛋或提早脫離親鳥的情況下，雛鳥的嗉囊內無法擁有正常菌叢，導致難以預防感染性細菌的入侵。人類出生時會透過產道，以及腸內細菌接觸到正常菌叢，而鳥類則是透過親鳥的餵食，或接觸親鳥的糞便來獲得接觸正常菌叢的機會。

此外，有些鳥類的嗉囊具備黏液腺，分泌出的黏液能夠防止食物在嗉囊內結塊，使消化管內的食物輸送順暢。關於哪些品種的鳥類具有黏液腺，目前的研究結果並不明朗，不過由於在麻雀身上有所發現，推論同屬雀科的文鳥等鳥類可能也具備黏液腺。另外，研究也發現紅領綠鸚鵡（月輪鸚鵡）身上沒有黏液腺，因此推論鸚鵡科的鳥類可能不具備黏液腺。

※菌叢：各種細菌共存的集合體，在特定環境下能夠保持一定的平衡。

配方奶粉是最佳選擇

加了配方奶粉的糊狀飼料，是餵食雛鳥的最佳選擇。不少飼主會選用小米當作小型鳥的雛鳥飼料，但假如只有小米，必需胺基酸、必需脂肪酸、維生素和礦物質的攝取都不足夠。小時候有補充配方奶粉的鳥寶，在體格方面會明顯強壯許多。雛鳥時期是否有攝取到營養，將影響其一輩子的健康狀況，所以要多加留意。

市售的小米穗球養分不足

在配方奶粉尚未問世時，雛鳥的飼料大多會選用小米穗球。小米穗球是小米跟雞蛋混合製成的乾燥球狀飼料。由於光靠小米無法提供雛鳥成長期所需的必要營養素，才會出現小米穗球這款飼料。不過，小米穗球的保存期限較短，自製的話要在餵養雛鳥之前準備好。

然而，自從市面上買得到小米穗球之後，許多飼主就習慣直接買來使用了。但市售小米穗球的雞蛋含量比自製的少，幾乎只具備小米本身的營養素。所以，當市售小米穗球成為雛鳥飼料的主流時，研究發現有不少雛鳥因此罹患腳氣病（多發性神經炎）。目前只有沿用老方法來養育雛鳥的飼主，以及不打算改變既有飼養方法的寵物店，還在使用市售小米穗球作為飼料。

現在最普遍的做法是，使用配方奶粉作為營養補充品來為雛鳥準備飼料。吃配方奶粉長大的鳥兒，跟被餵食市售小米穗球的鳥兒相比，在體格方面會明顯強壯許多。請別忘了，雛鳥的成長期相當短，這段期間攝取的營養足以影響鳥兒終生的健康。

KAYTEE公司出品的配方奶粉。

灌食期過後改餵乾飼料

許多飼主在餵養雛鳥時會以配方奶粉來灌食，離巢後則改餵種子飼料。但最適合成鳥的食物其實是乾飼料，假如從雛鳥學習自立時期開始，只餵食乾飼料的話，鳥寶就能養成吃乾飼料的習慣。由於鳥類疾病的源頭，大多來自於營養不足，故以乾飼料為主食的鳥兒，也較少罹患的內科相關疾病。

讓雛鳥學習自行進食時，可能會出現餵食乾飼料比種子飼料更花時間的狀況。如果耐不住性子，改餵種子飼料的話，雛鳥離巢後會更難以接受乾飼料。所以別太著急，耐心等待鳥寶願意去吃的時候吧。假如在雛鳥離巢前，有餵食混入乾飼料碎屑的糊狀飼料，牠們之後會比較容易接受乾飼料的味道。

有很長一段時間，鳥飼料僅限穀物

人類養鳥的歷史悠久，日本江戶時代就有飼養文鳥和金絲雀的相關記錄。明治時代開始，人們也開始飼養虎皮鸚鵡，而從那時起穀物即為主要的鳥飼料。由於長期以來都以穀物餵食，讓「餵鳥類吃穀物就好」的觀念變得根深柢固。但隨著鳥類營養研究開始盛行，終於證實種子飼料無法滿足鳥類所需的營養成分，進而開發了鳥類專用的營養補充品，亦即雛鳥用的配方奶粉，以及成鳥吃的乾飼料。

近年來，餵雛鳥吃配方奶粉一事已成為常態，但有不少人依然拿種子飼料來餵食成鳥。以穀物當飼料本身沒有錯，但為了鳥寶的營養均衡著想，絕對有必要加入營養補充品。但就算飼主明白這點，有時也會因為一時輕忽，而停止餵食營養補充品。由於一陣子不餵營養補充品，鳥寶的身體狀況也不會馬上出狀況，導致不少飼主輕忽了營養不良的嚴重性。

雛鳥能自行進食後，即可餵食乾飼料

我會建議將乾飼料作為主食。在雛鳥能夠獨自進食開始，就只餵食乾飼料吧。因為鳥寶只要吃過一次種子飼料，之後想改成乾飼料就很不容易，但習慣以乾飼料為主食，日後也能欣然接受種子飼料。

鸚鵡、鳳頭鸚鵡、雀科的鳥類，在野生環境下習慣食用穀物，所以會本能地偏好種子飼料。因此若要在離巢後改吃乾飼料，會比種子飼料更花時間，但如果急於讓雛鳥獨立進食而餵食種子飼料，之後恐怕會抗拒乾飼料了。

盡早讓雛鳥獨立進食比較好的說法，似乎來自「一直吃糊狀飼料，容易引發嗉囊炎」的傳聞。在飼料只有小米穗球可選擇的時代，確實會造成雛鳥營養不足或免疫力下降等狀況，使嗉囊因細菌及念珠菌繁殖過度而發炎。但現在普遍食用含有適量配方奶粉的飼料，極少引發這類疾病。

當接近離巢的時期，可以將乾飼料搗碎、混入含配方奶粉，讓雛鳥習慣這個味道，之後就會比較容易接受乾飼料了。很難完全搗碎的話，可以稍微搗後使用研磨機（參考第15頁），或加一點水讓飼料軟化後再進行調配。

在此要先聲明，我絕非無條件地推崇乾飼料。只是考量到平日餵食時，不用特別去計算營養成分，才推薦這個選項的。當然，種子飼料的好處在於豐富鳥寶的飲食，但就如前面提到的，假如平常只餵種子飼料，就絕不能忘記另外準備營養補充品。

讓鳥寶獨立進食

接近離巢的時期，即使雛鳥不斷討東西吃，也不能一直灌食糊狀飼料。不要被動等到雛鳥不想吃糊狀飼料食，才讓牠獨力進食，而是一發現到有自己吃東西的狀況時，就有必要一邊確認體重、一邊減少灌食次數。如果減少灌食次數或分量，但雛鳥體重沒有變輕，即可判斷牠能夠獨立進食了。

建議把雛鳥願意親近人跟能夠獨立，當成兩回事來考量。除了親自灌食，以及長時間相處，鳥寶終究會與人親近，但這方面也有個體性的差異。之所以不能一直灌食，主要是因為一旦錯過獨立的時機，雛鳥得花更長的時間才能真正獨立，甚至可能就此認定吃飯就是要有人餵。

鼓勵雛鳥自力進食

親鳥在雛鳥接近離巢的時期，會減少陪伴的時間、餵食的次數和分量，促使牠離巢獨立。到了雛鳥離巢後的巢外育雛期（※），親鳥就算知道孩子餓了，也不會立刻餵食，而是帶著雛鳥一起去有飼料的地方，讓牠學會自行覓食。

假如只有養一隻雛鳥，因為沒有觀察同伴學習進食的機會，獨立的過程會比較緩慢，有時甚至會一直希望飼主餵食，但也不能因此慣著牠。看到雛鳥開始嘗試自己啄飼料吃的時候，就是停止餵食的最佳時機。

小型鳥能獨立進食的平均時期，是在雛鳥離巢的一星期之內。如果這個時期，嗉囊中還隨時有飼主灌食的飼料，牠從此會以為吃飯就是要有人餵，而不會自己去吃準備好的飼料，只等飼主親自餵食。所以推薦在接近自立的時期，就把一些乾飼料撒在旁邊，發現鳥寶嘗試主動啄食飼料之後，再減少灌食的次數及分量，讓牠練習如何獨立進食。假如吃得不太順利，就改成搗碎的乾飼料。趁離巢前，把乾飼料泡軟跟配方奶粉混合來餵食，雛鳥會比較容易接受乾飼料的味道。餵食的次數和分量要視雛鳥的體重來決定，將分量控制在維持正常體重範圍即可。一旦發現鳥寶自己吃進的量增加，或者減少灌食分量，但體重沒有下降時，代表飼主不用再親手餵食了。

※巢外育雛期：也稱作家族期。離巢後的雛鳥，邊被親鳥所餵食，邊在巢外嘗試生活的社會化期間。

別用軟管餵食雛鳥

為灰鸚鵡和白鳳頭鸚鵡等大型鳥灌食時，最好避免合併使用軟管。有時軟管會脫離針筒，導致誤食事故發生。假如軟管卡在嗉囊中，還可以直接用手推出來，但萬一已經吃進胃裡，就要動手術了。建議給大型鳥的雛鳥進行灌食時，單獨用針筒進行會比較保險。

擅長育雛的親鳥，巢中通常很安靜

野生鳥的雛鳥放聲鳴叫，是一種可能引來天敵找到鳥巢的危險行為。因此親鳥為了不讓雛鳥鳴叫，會盡量待在牠們身旁進行餵食。這跟人類嬰兒感到肚子餓或不安時就會大哭、討奶喝或要求抱抱一樣。擅長育雛的親鳥，巢中不會一直傳出叫聲。

雛鳥喜歡有人陪伴

離巢前的雛鳥看到人就叫，不僅是因為空腹，也是釋放希望飼主陪伴在身旁的訊號。如果鳴叫時間太長、空腹及不安感，會使雛鳥感受到壓力，成長期的壓力會對鳥寶的精神健康帶來負面影響。若是沒有被餵食足夠的飼料，雛鳥可能會因精神不安導致成長緩慢，也會比較慢進入獨立進食的階段。

繁殖，請交給專家

想要自行繁殖，在親鳥都很健康、無傳染病風險的前提下，是不錯的選擇，雛鳥也能充分獲得親鳥的照料。但若是稍不留意，在近親交配、慢性發情或營養不足的情況下進行繁殖，可能會產出有疾病障礙的下一代。所以若可以的話，還是交由優秀的繁育師，來負責營養、交配和繁殖頻率的規畫吧。

自家繁殖的風險

任由鳥寶隨意交配、產卵和孵蛋的話，很有可能會孵化出有疾病障礙的雛鳥。以診療案例來說，文鳥和虎皮鸚鵡特別多，代表自家繁殖出現問題的比例，比其他品種的鳥類要來得多。

慎重看待鳥寶的繁殖行為

鳥類不會特別避免與近親成為伴侶。野生鳥在移動與遷徙的過程中，會大幅降低與近親成為伴侶的機率，但家鳥是有可能與兄弟姊妹或父母結為伴侶的。由於近親交配出現共通劣性基因的機率很高，很容易發生先天性異常的狀況。所以即使鳥寶產卵了，也建議不要讓牠們孵蛋。

找出鳥寶的發情對象物

除了鳥巢以外，不是單純把鳥寶的發情對象（物體）移走就好了。家鳥只能在人類給予的環境下生活，假如喜歡的東西一再被拿走，籠內的樂趣將不斷被剝奪，使鳥寶的生活失去期待和樂趣。所以，假如是鏡子被當成發情對象，飼主要做的不是徹底移走鏡子，

而是減少鳥寶跟鏡子玩的機會，增加與牠覓食互動或其他遊戲的時間，並將重點放在調整食量和運動來抑制發情。關於這點，每位醫生的想法都不太一樣。從鳥寶的立場看來，飲食被限制也就算了，連樂趣也被剝奪的話，隨著QOL（生活品質）下降，必定會感嘆鳥生難過吧！

先找到鳥寶發情的對象

鳥用玩具或棲木等物體，都可能成為鳥寶的發情對象。發情對象物，意指會引發鳥兒性興奮的物體。雄鳥會出現求偶和欲交尾的反應；雌鳥則會擺出接受交尾的姿態，或用屁股磨蹭玩具。發現鳥寶有發情傾向時，可以先觀察那些行為，找出是否有特定的關鍵物引發反應。

找出發情對象物之後，為了抑制其發情反應，要盡可能屏除對象物，或移動到鳥寶看不到也接觸不到的位置。

發情對象物分為兩種

要特別留意的是，鳥寶對發情對象物是否懷抱感情。關於這份喜愛之情，可一併參考第48頁的內容。

①不具感情的發情對象物

會引起鳥寶出現發情反應，但除了發情行為以外，毫不感興趣的物體。比如：棲木、鞦韆、飼料盒、球、面紙，都有可能成為對象。假如鳥寶對這些物體沒有特別的執著，可以直接拿走或移動位置來抑制發情行為。但對鳥寶來説，東西不見了等於失去一項樂趣，所以不妨先找個不會成為發情對象的玩具給牠。

②懷有愛意的發情對象物

特徵是這個物品會讓鳥寶為了尋求精神安定而做出發情行動，而且除了發情也會經常黏著不放。例如，有眼睛的布偶、映照在鏡子裡的自己等，都是鳥寶容易產生愛意的對象。面對有愛意的物品，鳥寶會做出用喙整理羽毛或反芻求偶等舉動。代表鳥寶將喜愛的玩具當作自己的同伴或家人了。

以②來説，若隨便拿走對象物，鳥寶的精神狀況可能會不太穩定。假如發情的行為太過頻繁，可以考慮調整放置對象物的時間來改善。但基本上，最好以鳥寶的感受為優先，不建議擅自改變環境。可以透過飲食控制、覓食遊戲、運動等活動來抑制發情反應。

事先為鳥寶挑選玩具

鳥寶與懷抱愛意的對象物分離時會特別難過，導致抑制發情成為一道難題。所以如果情況允許，飼主可以事先挑好要給鳥寶能看到和接觸到的玩具。挑選玩具時，跟鳥寶造型雷同的布偶、模型、體型雷同或略小的物體，很容易被視為發情對象物。另外，如果定期更換玩具或新增一些鳥寶喜歡的東西，當鳥寶對特定對象物發情時，也比較容易進行替換。

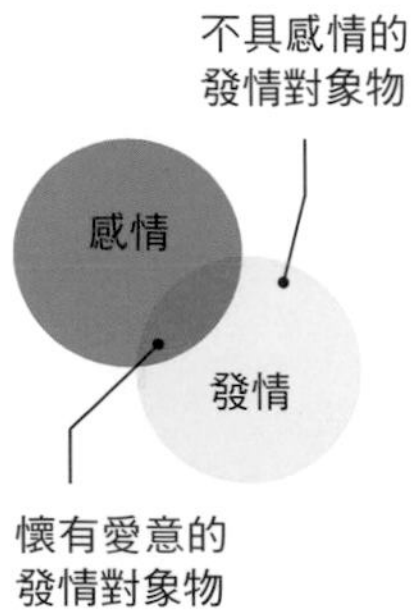

寫封信給飛往天堂的鳥寶吧

曾有位飼主因為不斷回想起與愛鳥的過往，而悲傷到無法面對工作，在無計可施之下來找我諮詢。這種不斷浮現相同想法的狀況，稱為「反芻思考」。這時不妨試著寫封信給已經飛往天堂的鳥寶吧！整理好當下的感受和想說的話，然後寫出來。

如此一來，你將發現自己為什麼反覆想起同樣的記憶、愛鳥一直以來陪伴在你身邊的意義，以及你學到了什麼樣的事。

我想，鳥寶一定會從天堂這麼對你說：

「謝謝你比任何人都還要照顧我，給予我至今不變的愛。」

關於喪失寵物症候群

失去愛鳥的深沉悲傷、孤單與罪惡感，是所有飼主都可能經歷的過程。其中有人甚至會長期為各種負面情緒所苦，這種造成精神、身體上的不適症狀，我們稱之為「喪失寵物症候群」（Pet Loss，和製英語，源自英文的Animal Loss）。

喪失寵物症候群，很容易發生在性格特別誠實、坦率的飼主身上。他們會認為愛鳥沒有得救，是因為自己沒有更早注意到，不斷苛責自己應該要做更多，認定很多狀況都是自己的疏忽。

但對鳥寶來說，用心愛護自己的飼主一直陪伴在身旁的事實是不會改變的。所以，鳥寶想必也會在天堂擔心為了自己而悲傷的飼主吧。如果飼主能抱持著倘若某天在天堂重逢時，能夠衷心互訴感謝的想法活著，該是多美好的一件事。

人與鳥的緣分不滅

無論是自然或人工飼育，有些鳥寶沒有人類的幫助，是很難憑藉一己之力生存的。或許正因如此，牠才來到你的身邊。無論是什麼樣的鳥寶，都能補足你所欠缺的那塊碎片。鳥與人是互相需要的，缺少了任何一方，雙方的人生齒輪都無法繼續向前推動，人與鳥的緣分是緊緊相繫的。

當離別的時刻到來，我們也會從中學到些什麼。愛鳥必定教了我們十分重要的事。我認為，人與鳥之間相互支持的情誼是十分美好的，請好好珍惜這段能夠推動齒輪持續運轉，並且無可取代的緣分。

再忙也絕對不忽視鳥兒

因為學業、就職、待產等原因，無法好好陪伴鳥兒，只能做到每天更換水和飼料的飼主大有人在。這種被疏忽的狀態下，一旦鳥寶生病了很容易導致延誤就醫。被忽略的鳥寶通常沒什麼表情、無精打采。感受不到自己被任何人需要時，會讓鳥寶失去活力。

鳥寶的心也會受傷

原本溫馴聽話的鳥兒，若長時間受到忽視，脾氣也有可能變得暴躁易怒。例如家中明明養了鳥，卻因為後來養了狗，讓全家人把焦點集中到狗兒身上，只為鳥寶換水和餵飼料，導致鳥寶自拔羽毛，而匆忙送醫診療的案例其實不在少數。每當看見對人類失去信任的鳥寶，我總是忍不住心痛。

鳥寶不一定喜歡站在人的手上

特別親近人的鳥寶，才會願意站在人的手上。我也見過明明性格溫馴，卻被飼主說成不乖的例子，進一步追問，結果只是因為鳥寶不願意站在飼主手上，就被當成不聽話的壞鳥，仔細想想，這是很容易讓人誤解的說法。

第2章

了解鳥寶的心

鳥類的行動跟我們人類一樣，
背後都有一定的原因。
了解行動背後代表的心理和習性，
試著更加了解鳥寶吧！

心理

鳥寶明白你的感受

不僅限鳥兒，動物和人類之間的非言語行為是十分相似的。所以才需要了解鳥寶的喜怒哀樂，而鳥寶也同樣能理解人的情感。希望有人陪伴時，鳥寶會將頭往下低這點，就跟人類一模一樣。差異如此大的物種之間，能夠如此相互理解，或許就是彼此成為重要同伴的證明吧。

語言在溝通上的意義，其實沒有那麼重要

你聽過「麥拉賓法則」嗎？人類會透過言語、視覺、聽覺來與他人溝通。美國心理學家麥拉賓（Albert Mehrabian）提出，人們進行溝通時會參考的訊息中，語言占整體的7%，聽覺占38%，視覺則占55%（參考下圖）。換句話說，我們人類常以為語言是最重要的因素，但聽覺和視覺這類非言語的訊息，實際上具有更強的影響力。

鳥類是透過鳴叫聲來傳達訊息的動物，所以常被誤以為比較重視言語上的溝通，但其實牠們幾乎是透過非言語行為，亦即聽覺和視覺訊息來交流。

而且不止鳥類，其他動物與人類之間的非言語行為也極為相似。我們人類能感受到鳥寶興奮、喜悅、生氣等情緒，就是因為非言語行為的相似性。從鳥寶的角度來想像，或許也能夠一定程度理解人類的非言語行為。所以有些鳥寶在飼主感到難過、哭泣的時候，會湊過去靜靜地陪伴在身邊。感受到悲傷情緒時，甚至跟著低下頭。看到飼主傳遞出情感上的非言語訊號，鳥寶可能會露出「怎麼了？你還好嗎？」的神情陪伴你。

不同物種間的非言語行為如此相似、相互理解，或許這正是十分重視彼此的最佳證明。

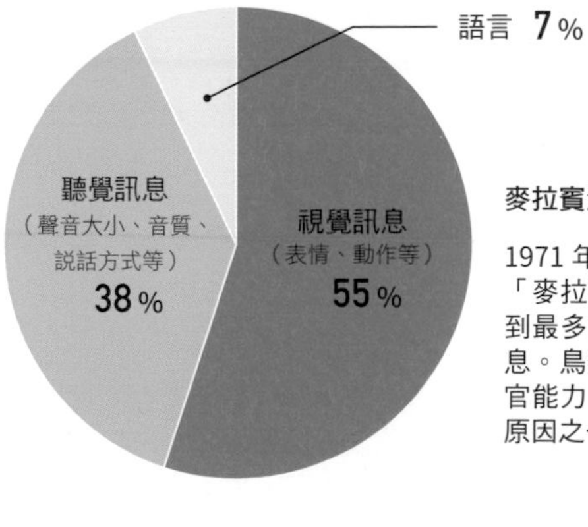

麥拉賓法則

1971 年，美國的艾伯特．麥拉賓教授透過論文發表「麥拉賓法則」。指出人們在溝通時，對方能接收到最多的訊息依序為視覺、聽覺，最後才是語言訊息。鳥類與人類擁有同等，甚至更加敏銳的視覺感官能力，或許這也正是人類與鳥類能夠相互理解的原因之一。

心理

鳥寶也有「我的最愛」

不是只有人類會對玩具有所執著，鳥類也非常珍惜自己喜愛的物品，甚至會因為被人摸了而生氣呢！鳥寶會對從小一起長大的玩具特別執著，所以如果能為「獨生鳥」找到一個愛用物，家裡沒人時就能發揮陪伴的作用。

情感寄託的物品，能穩定鳥寶的情緒

許多人小時候都會對布偶或小被被特別執著，一定要帶在身邊才能安心。要是突然被拿走，就會不停哭鬧甚至陷入恐慌。

鳥寶跟人類小孩差不多，有些鳥寶會對布偶、玩具等物品表現出喜愛之情，經常和它黏在一起。假如有可以寄託情感的物品，即使飼主不在，鳥寶的精神狀況也會比較穩定。沒有其他同伴的獨生鳥寶，建議趁雛鳥時期先準備牠可能喜歡的玩具，放在雛鳥盒內一起生活，

及早為鳥寶找出牠的「愛用品」。

選擇體積比鳥寶小、有眼睛的玩具

鳥寶會感興趣的物品，是那種體積比自己小，而且有眼睛的玩具。鳥類處理視覺訊息的能力十分優秀，所以跟我們人類一樣，很容易將同樣擁有雙眼的物品視為同伴。

不過，玩具有時也會成為發情對象物。挑選物品方面的注意事項，還請參考第40頁的內容。

擁有「我的最愛」和樂融融地相處

鳥寶的日常風景

吃飯時
要在一起

鮭魚子（8歲・♂）

把黃色小鴨玩具當作「我的最愛」，鮭魚子從雛鳥時期就與小鴨作伴，而且也沒有將小鴨視為「懷有愛意的發情對象物」（參考第41頁）。

喜歡的地方，
更要在一起

鳥寶會隱瞞自己不舒服？

人類會在身體不舒服時逞強說沒事，這點鳥寶也一樣，不舒服時會表現出一副沒事的樣子。大家常說鳥寶會假裝自己沒生病，但這並非出自本能的行為，只是飼主沒有察覺到而已。至於鳥寶是否在假裝進食，檢查牠們的糞便和體重就能馬上知道了。

人要努力留意鳥寶的健康是否出狀況

當我們身體不適時，為了避免讓周遭的人擔心，會視情況謊稱「自己沒事」。而這個道理也適用於鳥寶身上，牠們也會假裝自己沒事。

但是，實際上飼主常常察覺不到鳥寶身體有異狀。坊間流傳野外鳥為了不被獵食者襲擊，才會假裝自己沒生病。不過事實上，這不是出於假裝，而是絕大多數的情況下，只要還能正常活動，就會採取與平常無異的行動。由於鳥寶對症狀欠缺自覺，所以即使生病了，通常不會表現出來。

一旦出現明顯不適時，便是病情惡化到無法動彈，或開始透露主觀症狀的時候了。另外，即便鳥寶做出與平日無異的進食動作，也可能是在「假裝進食」。

為了防止上述疏漏發生，每天例行的體重測量、排泄物的檢查、進食量的確認，以及到動物醫院做定期健康檢驗，都是不可或缺的。關於健康檢驗，兩歲以後每年進行一次包含X光和血液檢查的綜合健康檢驗，這樣大概能避免疏漏了。詳情請參考第112頁。

心理

鳥寶的兩大精神壓力來源

鳥寶日常的壓力來源有「寂寞」及「無聊」兩種。究竟哪一種比較強烈，只要觀察牠們離開鳥籠時的行動便可得知。黏著飼主不放是感到寂寞；只顧著做自己喜歡的事情和玩耍便是感到無聊。當牠們缺乏溫暖感到寂寞時，單靠物品難以得到滿足。這時就要靠觀察鳥寶的行動來察覺真正的需求。

將鳥寶放出籠子，觀察其行動，便能弄清楚壓力來源

日常生活的壓力大多來自欲求不滿。所謂欲求不滿，簡單來說就是「無法做想做的事情」。會站在飼主手上的鳥寶，大多是不喜歡單獨一隻生活或長時間待在鳥籠裡。明明想跟人在一起，卻沒有人陪在身邊而感到寂寞。或是想要出鳥籠玩耍，但卻出不去而感到無聊，這些都會帶來欲求不滿。所以，當飼養的鳥寶飛出鳥籠時，往往最先會去做先前忍著無法做的事。飼主可以從鳥寶的行動，來推斷牠們的不滿。如果是感到寂寞，會立即飛到飼主身邊；如果是感到無聊，則會飛來飛去，四處玩耍。

為了不讓鳥寶感到無聊，在籠內放些玩具也是解決方式之一。不過，當鳥寶感到寂寞時，單靠物品也很難得到滿足。也許就像人類會靠購物紓解壓力一樣，但從物質獲得的滿足感，效果大多只是一時的。所以透過觀察鳥寶出籠時的行為，來弄清牠們真正想要的事物吧。然後思索解決方案，正是身為飼主的我們應盡的義務。

鳥寶跟人一樣，每天都會感到壓力

配偶間互相鳴叫、親近（※1）彼此，或互相整理羽毛等動作，稱為親和行為（※2）。鳥寶感到壓力後，會有增加親和行為的傾向。以造成野生鳥的壓力來說，就包含被其他的同伴或敵人追逐、打架、遠距離移動、惡劣天氣、飲食不足等，不論是哪一種壓力都會增加血液中的壓力荷爾蒙。

換句話說，一旦壓力荷爾蒙上升，鳥寶會透過親和行為來舒緩壓力。將人類視為配偶的鳥寶，有壓力時會向人類尋求慰藉；反之，當牠們察覺人類有壓力時，也會隨侍在旁陪伴。研究指出，與配偶同步是由壓力荷爾蒙所引起的。

與配偶分離時，會分泌壓力荷爾蒙

我們知道成對的鳥寶會一起行動、維持配偶關係，是因為壓力荷爾蒙中被稱作皮質酮的物質在產生作用。

在野外生活的鳥類有各式各樣的壓力來源。其中，當鳥伴侶因故分開時，會產生強烈的壓力。從斑胸草雀的研究中，可以發現鳥伴侶之間，即便只是短暫分離，雄雌鳥各自都會感到壓力。

研究人員將成對的斑胸草雀分隔兩地，在牠們聽不到也看不到彼此的狀態下，測量牠們血液中的壓力荷爾蒙——皮質酮。結果發現，配偶分隔兩地的當下，皮質酮分泌量明顯上升。即使讓牠們與其他斑胸草雀接觸，也無法使皮質酮恢復為正常值。但是讓斑胸草雀與配偶重逢後，皮質酮又恢復為正常值了。

換句話說，由於鳥伴侶在分隔兩地時會感到壓力，所以才偏好共同行動。

當鳥伴侶在分離後重聚時，會相互鳴叫，然後依偎著彼此整理羽毛。我們稱之為親和行為。鳥伴侶的親和行為，是為了緩解自身的壓力。

與視為配偶的人類分開後，會想依偎在其身邊

以此研究做為思考根據，將人類視為配偶的鳥寶，當飼主不在身邊時，很有可能會產生壓力。當飼主一回到家，鳥寶會感到非常喜悅，急著想從鳥籠出來靠近視為配偶的人類身邊，這是因為鳥寶想要紓解自己累積的壓力。想要與配偶的人類有親和行為，是鳥兒的本能欲求。

如果飼主回家後一直無視鳥寶的需求，被關在籠中的鳥寶，會因為去不成視為配偶的人類身邊、採取親和行為，而產生新的壓力來源。

※1 親近：意指待在身邊、相互依偎。

※2 親和行為：對同伴表現出親愛之情的行為。有紓解壓力和不安的效果。相互鳴叫不包含在親和行為中。鳥類同伴間會有親吻的行為。

心理

飼主幸福，鳥寶也會一起幸福

如果配偶之間的同步（※）與壓力荷爾蒙有關，那麼將人類視為配偶的鳥寶，可能會被人類的壓力影響。如果鳥寶同步的對象是壓力程度低且幸福的人類，牠們的幸福程度會很高。反之，與壓力程度高的人類同步，牠們的壓力也會變高。

飼養動物的壓力和人類密不可分

從一項以狗兒為研究對象的結果中可知，飼主持有的長期壓力與其所飼養的狗兒之壓力指數高低有著相互關係。這是透過量測一整年中，飼主與其家犬毛髮中含有的壓力荷爾蒙濃度的變化所得到的結果。另外，實驗也比較了人類與其家犬之間的心率，結果指出狗兒會對人類情感上的各種變化有所反應。而且還發現，狗兒不僅會讀取人類表情並做出反應，甚至能對讀取到的情感產生共鳴。

這種行為稱作「情緒感染」。

很遺憾，目前鳥類領域還沒有類似的研究。不過，我們可以從鳥寶的反應來推測，人類表情等非語言的溝通行為（參考第47頁），的確有可能會影響到鳥寶的壓力程度。

人類與鳥寶的壓力是互有關聯的

雖然鳥寶無法自己選擇飼主，但牠們仍會將一起生活的人類視為同伴。與幸福的人，亦即壓力程度低的人生活的鳥寶，因為從人類的非語言行為中讀取不到壓力，幸福度自然很高。但若與不太幸福、壓力程度高的人類生活，鳥寶即便不願意也會共感到飼主的壓力，導致壓力高升、幸福度下降。如同人類與同伴一起生活時，會產生的同步、共感本能，鳥寶也會本能地共感到壓力。

培養出能療癒彼此的關係

想必有很多飼主發現，鳥寶可以舒緩每天承受的壓力吧！但如果這只是單方面的行為，反而會增加鳥寶的壓力，所以飼主也必須積極地紓解鳥寶的壓力。

另外，當飼主晚歸或因為忙碌而減少一起相處的時間，也會讓鳥寶累積不少壓力。所以不論多晚回家，只要鳥寶有呼叫飼主，比起每天既定的作息表，還是將陪伴鳥寶的時間，列為最優先考量吧！

比方說，打開籠子讓鳥寶出來一起玩耍，或者撫摸、搔搔牠們，做些鳥寶所需的親和行為（參考第52頁）。這些行為很重要，不僅可以治癒鳥寶的壓力，同時也能舒緩飼主本身的壓力。

讓我們重新提醒自己，家裡飼養的鳥兒是一起生活的同伴，然後從中找出讓彼此都能幸福的生活方式吧。

※同步：將狀態同步，也就是配合他人的行動。心理學術語。

主動型和被動型的鳥寶

有些鳥寶只對有投以關注的人們做出反應；有些鳥寶即使沒人理會，也會做出反應。屬於後者的鳥寶，如果在鳥籠中刷存在感被無視時，會產生不滿。當飼主進行遠端工作時，為了避免製造無謂的壓力，不讓鳥寶看到也是對策之一。

鳥類的性格可以分成兩大類

鳥類的性格也是百百種，但大致上可以分為被動型和主動型兩種。被動型的鳥寶，就算人類在附近也不為所動，只有人類將注意力放在牠們身上時才有反應。反之，主動型的鳥寶，只要看到人類就會有所反應，牠們會積極靠近或在人類前面來回打轉，希望人類來到自己身邊。

當飼主不在家時，被動型的鳥寶除了吃飯以外，幾乎就跟平常一樣靜靜待著。但主動型的鳥寶除了午睡以外，還會在鳥籠內不停走動、玩玩具、啃咬鳥籠等頻繁地活動。

居家辦公時，跟鳥寶的相處方式

很多飼主的工作型態，因為新冠肺炎疫而轉為遠端工作，導致人與鳥寶之間的關係也起了變化。

從單純的角度來看，當人與鳥共處的時間變多，鳥寶應該也會比較幸福。這點確實適用於被動型鳥寶身上。但對於主動型鳥寶來說，比起飼主不在家，如果明明近在咫尺卻被無視，或飼主不會馬上來到身邊的情況，反而更容易累積無謂的壓力。對飼主來說，遠端辦公期間不斷響起的鳴叫聲也會帶來困擾吧！

配合鳥寶的性格，靈活地應對

為了減少主動型鳥寶的不滿，將鳥籠移到看不見飼主的位置，可以使牠們冷靜下來。但是如果能聽到聲音、察覺有人在家的話，就無法緩解壓力了。那麼，不妨將鳥籠移到聽不到人聲或生活音的地方，或者飼主自己變換辦公場所。

如果怎麼做都無法避免鳥寶聽到人聲或生活音，那麼乾脆建立一套規則，當鳥寶鳴叫時盡量不去搭理，只有不鳴叫時才會去關心。但如果飼主無法遵守的話，鳥寶也無從培養判斷力，所以重點在於飼主要嚴守自己訂下的規則。

鳥兒會記住特定聲音

雄性虎皮鸚鵡會模仿並發出雌性配偶的鳴叫聲。雌鳥辨別出鳴叫聲後，會發出聯繫鳴聲來回應雄鳥。所謂聯繫鳴聲（Contact call），是與配偶分開時會發出的鳴叫聲。某項針對虎皮鸚鵡的研究表示，即使相隔兩個月，雌鳥依舊記得雄鳥的鳴叫聲並發出聯繫鳴聲。

然而，當時間拉長為六個月之後，雌鳥即使聽到雄鳥的鳴叫聲，也不會回以聯繫鳴聲了。這表示虎皮鸚鵡在六個月後，便會忘記雄鳥的聲音，無法辨別出配偶的鳴叫聲。很多飼主在探望住院的鳥寶時，都很擔心自己會被遺忘。請放心，鳥寶不會這麼快就忘記飼主的。

運動可以改善惱人的鳴叫！？

鳴叫聲變得嚴重時，可視為分離焦慮症的特徵之一，令不少飼主大傷腦筋。但根據研究顯示，只要讓有分離焦慮症的狗兒，每天去做散步或跑步等運動超過四個小時的話，就能有所改善。所以每天運動似乎是消除壓力、獲得滿足的改善關鍵。

鳴叫也是為了爭取他人關注

鳴叫聲不僅限於分離焦慮症，也有吸引他人關注的作用。當人類準備外出或不在視線範圍內的時候，鳥寶便會焦慮地發出「你要去哪裡—？」「你在哪裡—？」等不安的鳴叫聲。引起注意的行為，會在看得見人或感到有人的跡象時出現，通常是想表達「看我這邊—」「過來這邊—」「放我出去—」「肚子餓了—」等意圖。

由於目的是為了吸引人類的注意，所以一旦鳥寶得到人類「望過來、靠過來、做出回應、放出鳥籠、給予餵食」等反應的話，從此會加強鳴叫行為。到時若飼主沒馬上回應，反而會造成額外的壓力，所以請小心不要過度回應這類吸引注意力的行為。

出聲回應反而會變成問題行為的導火線

由於鳥寶會學到「鳴叫聲」以外也能引起人們注意的方法，而透過拔毛、自啄或痛苦尖叫等自殘行為來引起注意。當鳥兒拔毛自殘，發出「呀——」的鳴叫聲時，人類若出聲回應「怎麼了呀？」「快住手！」的話，鳥寶便會習得只要一拔毛就能換來關注的手段。所以請注意不要對拔毛行為做出反應，但治本的做法是讓鳥寶沒有時間感到無聊。

不容忽視的刻板行為！

刻板行為，意指動物不斷地重複相同的行為。當鳥寶咬籠子並發出噹噹的聲音，即可視為「啃咬鋼絲」的刻板行為。這是發洩壓力的一種方式，也被廣泛當成一種評估動物福利的指標。刻板行為可能是來自沒事可做的無聊，而引發的自我刺激反應。

出現刻板行為代表鳥寶有壓力

刻板行為也可稱作「重複性行為」，意指不斷地重複相同的動作，而旁人難以理解其目的的舉動。動物園則以此作為動物壓力的指標，我們會在各種動物身上看到刻板行為，舉例來說像是在籠內來回踱步的獅子、不斷舔拭柵欄的長頸鹿、搖頭晃腦左右踏步的北極熊等。

即便是人工飼養的鳥兒，也會有一些平日常見的刻板行為。例如：啃咬籠子、嘴巴一直咀嚼的「口腔行為」；持續鳴叫的「大聲吼叫」；重複將飼料弄掉再撿起的「重複撿拾」；在籠內繞來繞去來回走動的「繞圈子」；在棲木上來回走動的「踱步」。

據說刻版行為的目的，是為了刺激五感，所以也稱作「自我刺激行為」，一般認定是鳥寶為了緩解精神上的痛苦才有的行為。

若出現刻版行為的跡象，要及早改善

當鳥寶出現刻板行為時，必須儘快在行為上癮前採取對策，因為一旦養成習慣將難以治癒。同時，刻板行為也代表牠們在日常生活中承受著壓力，要是沒有及時改善，可能導致壓力持續增加、食慾增大、引發肺炎等狀況。為了查出壓力來源，就觀察將鳥寶放出籠子後會出現什麼行為吧（參考第51頁）。如果牠們感到寂寞的話，就有必要增加互動的時間。如果是感到無聊的話，則有必要增加放風時間，或者進行覓食行為（※1）、給予玩具等，讓環境豐富化（※2）的措施。

※1　覓食：Foraging.即採集食物行為。意指動物在野生環境下，尋覓食物的行為。野生動物一天之中大部分的時間都花在覓食上。另一方面，飼養動物被認為因為缺少覓食行為，導致動物產生無聊的時間，進而引發壓力。

※2　環境豐富化（Environmental enrichment）：意指改善動物的圈養環境，為牠們提供幸福生活的措施。

接受鳥寶原原本本的模樣吧

有位飼主因為愛鳥的性格變得跟以前不一樣了，而來找我諮詢。這位飼主說：「牠現在的性格讓我好困擾，該怎麼辦才好呢？」如果將鳥寶當作人類來看待，其實就不難理解了。不論是你期望某人改變或保持不變，這種「期望」本身就是令他人感到痛苦的原因。

鳥寶的性格也會隨著年齡增長、環境變化而改變。但牠們與生俱來的性格或幼年時期養成的性格是不會輕易改變的。就如「你無法改變他人，只能改變自己」這句話所說，解決問題的根本是一開始就不應該試圖改變鳥寶，而是飼主本身要先相信鳥寶，嘗試去愛牠最自然的一面。

鳥兒也有自己的個人空間

就如人類有個人空間的概念一樣，鳥寶亦然。這會依據鳥的種類、個體差異、親密度而有所不同。像是情侶鸚鵡、綠頰鸚哥或凱克鸚鵡等，成對配偶的身體會彼此緊緊相鄰；但虎皮鸚鵡、玄鳳鸚鵡或非洲灰鸚鵡，卻會與配偶的身體保持一些距離。要是人跟鳥雙方都能保持愉快、舒適的距離感就好了。

溝通能力也有個體差異

鳥寶也會進行眼神交流，而交流的時間長短也有個體差異。眼神交流比較長的鳥寶，較擅於溝通互動；但馬上移開視線的鳥寶，代表不擅長眼神交流。溝通的基本原則，就是將對方視為主角。讓我們觀察鳥寶的狀況，適當地調整距離感吧！

身體成長，心靈也會隨之變化

雛鳥時期明明很黏自己，但是長大後卻變得喜歡黏著其他家人，這種情況時有所聞。由於雛鳥時期必須在保護者的庇護下才能存活，才會讓牠們對保護者產生依賴感。但當鳥寶性成熟之後，會從生活周遭的人類或鳥類中選擇伴侶，但不一定會選擇平常最照顧牠們的人。

鳥寶是反映飼主內心的明鏡

鳥寶總是黏著自己，並不一定是因為感到寂寞。一般來說，鳥類打架輸了或生病虛弱時，平日感情好的鳥同伴會靠上來安慰。所以有必要時，鳥寶或許也會緊緊靠到飼主身邊。這種舉止有時可視為反映飼主內心的暗示。

習性・本能

成雙結對生活

大多數的鸚鵡科、鳳頭鸚鵡科和雀科都屬於一夫一妻制。彼此關係非常強烈、充滿愛意。被人類飼育的鳥寶，會將人類視為同類，並想要與人類配對。為此鳥寶會深愛著人類，但只要人類不將注意力放在自己身上，鳥寶就會產生「明明跟我在一起，為什麼不看看我呢？」的不滿。

雛鳥時期的性銘印，有時會將人類選為配偶

鳥類會把雛鳥時期一起生活過的動物當作同類，並從中選出候補的配偶人選，這種情況稱為「性銘印」。

另外還有一個相似的名詞「後代銘印」。有離巢性的鳥類，會在孵化過後的兩～三天內，將眼前所見的可動之物視為雙親。花嘴鴨的雛鳥會在母鳥後面排成一排死命跟著，不會認錯自己母親的原因，正是後代銘印的作用。

性銘印與後代銘印的差異，在於雛鳥受到特殊刺激時期（學習敏感期）的影響。雞的敏感期約在四～六週大時。雖然我不清楚各類家禽的詳細敏感期，不過一般認為是從「張眼後到離巢後」這數週的期間。這段期間，有時鳥寶會把飼主當作足以成為配偶的對象。

成對的鳥伴侶會一直關心彼此

大多數的家鳥為一夫一妻制。而將人類作為配偶的情況，是因為喜歡和那個人在一起。即便身旁有其他家人在，鳥寶也會立刻飛到配偶的身邊，所以能馬上知道誰是鳥寶的配偶。不過放風時，即便作為配偶的人類在身邊，但只要配偶的注意力沒有放在自己身上，鳥寶就會感到不滿。因為成對的鳥配偶，本來就會一直關心彼此。

當你和鳥寶在一起，卻總是看電視、玩手機或與別人交談的話，鳥寶會馬上察覺，而且會為了將人的目光拉回自己身上，做出鳴叫、啃咬之類的舉動。

但鳥寶本身沒有惡意。牠只是一心一意地想要吸引你的目光和注意力罷了，絕非出於任性，這是來自鳥類想與配偶互動的本能。不過，從人類的角度來看，很可能覺得這些「鳴叫、啃咬毛病」的行為很困擾。但請別忘了，鳥寶的行動皆事出有因，飼主本身也有可能成為導火線。最重要的是，困擾行為發生時，應優先反省自身的所為，而不是先責怪鳥兒的行動。

配對是為了繁衍和養育後代

撇除一些少數鳥類，例如折衷鸚鵡的多夫多妻制以外，大多數的鸚鵡、鳳頭鸚鵡科和雀科，都屬於持久性的一夫一妻制。雖說是一夫一妻制，但大部分的鳥類都會進行「偶外配對」（外遇）。然而，其中也有嚴格貫徹一夫一妻制的鳥類。以斑胸草雀為代表，歷年來有許多關於牠們成雙結對的研究報告。

雌鳥會選擇對撫養雛鳥充滿熱情和耐心的雄性為伴侶。但雌鳥的出軌率卻特別高。經過調查，發現約有40%的鳥卵與其配偶的基因不符。為了留下更多自己的基因，雌鳥需要外表優秀且受歡迎的雄性基因，而策略性地留下自己的遺傳基因。

多夫多妻制的折衷鸚鵡

大多數的鸚鵡、鳳頭鸚鵡科和雀科，皆為持久性的一夫一妻制。這種配對制度，主要目的在於撫養雛鳥。其實為了維持種內多樣性，雄鳥、雌鳥都會與配偶以外的對象交配。經研究，約有40％的鳥卵基因與其配偶的不符。

但其中也有例外，如多夫多妻制的折衷鸚鵡。一隻雌鳥可以從數隻雄鳥身上獲得餵養雛鳥的餌食，是一種極為罕見的夫妻制度。通常雌鳥會固定待在一個巢穴，等待數隻雄鳥探訪並交配。而雄鳥也會在不同巢穴之間穿梭往來，與數隻雌鳥交配、餵養餌食。原因可能跟牠們普遍缺乏能在野外築巢的大樹洞有關，但藉由多夫多妻制，即便巢數不多也能增加繁殖機會。

一夫一妻制的斑胸草雀

斑胸草雀是嚴格貫徹一夫一妻制的鳥類。不僅在鳥類學中，就連在全體動物中，也被作為成雙結對的範本來研究。根據實驗結果，斑胸草雀之所以會成雙結對，是由於「鳥催產素」和「精氨酸加壓素」這兩種荷爾蒙的作用。雖然有點難懂，但以哺乳類來比喻的話，相當於催產素（愛情、泌乳激素）和加壓素（睪酮、抗利尿激素）。

實驗中讓斑胸草雀伴侶服下影響荷爾蒙的物質，結果顯示牠們會減少親和行為（參考第52頁），以及確認彼此存在的聯繫鳴聲。

據說在野生環境下生存的斑胸草雀，鮮少出現偶外配對的情況。但在人工飼養的環境下，偶外配對反而很常見。或許是因為人類家庭中，不太會有食物短缺、氣候異常和外敵等繁殖風險，即使不貫徹一夫一妻制也能存活下來吧。

換句話說，在野外觀察和研究中所證實的行為，可能會因為在人工飼養的環境下，改變原有的行為。

雌鳥會試探雄鳥

雌鳥非常擅長撒嬌。根據不同鳥種，牠們會放低姿態、擺動尾巴、模仿雛鳥的動作，甚至揮動嘴巴和翅膀，來向雄鳥索要食物。遇上這種孩子氣的撒嬌時，雄鳥會給雌鳥餵食。雖然在人類眼中很像在裝可愛，但這其實是雌鳥用來觀察雄鳥是否會熱心撫養雛鳥的方法。

雌鳥賣萌是一種育兒策略

雌鳥有時會對雄鳥擺出有如雛鳥一般，令人憐愛的姿態來賣萌。例如，面對有魅力的雄鳥時，雌鳥會模仿雛鳥的動作，揮動嘴巴和翅膀，向雄鳥索要食物。如果雄鳥有做出餵食的反應，有極大機率會成為積極餵食、撫養雛鳥的好父親。雌鳥用這種方式來考驗雄鳥，決定是否要結為配偶。

另一方面，當然也有在相遇後，立即決定配對的雌鳥。雌鳥會表現得像雛鳥一樣，與其說是出於本能，不如說是性格差異。

相同物種中存在的各式各樣性格，稱為「種內多樣性」。所謂種內多樣性，簡單來說就是指個性。如果相同物種中，所有個體的個性都很相似的話，將會很難應付該物種從未經歷過的未知問題。但若個體的性格足夠多樣化，就算遇到超乎想像的未知情況，至少擁有某種性格的鳥類可以找到生存之道。這點不僅限於鳥類，也適用於所有生物呢。

習性・本能

雄鳥要證明自己的耐力

雌鳥選擇雄鳥時，也會確認牠們是否有足夠的耐力。這點雖然在人工飼養的環境下很少見，但野生環境下的雌鳥，在眾多雄鳥環繞下，會藉由反覆逃避來減少接近的追求者，而留到最後的雄鳥才會被認定具有耐力。也就是說，雌鳥會選擇追逐自己到最後一刻的雄鳥。

撫養雛鳥，雄鳥的協助不可或缺

對於鸚鵡科、鳳頭鸚鵡科和雀科這類晚成鳥（※）來說，撫養雛鳥需要付出大量的勞力。尤其是採集食物並運送給雛鳥的過程，是很費體力的勞動。雌鳥無法單憑一己之力，一邊保護雛鳥、一邊提供充足的食物，所以雄鳥的協助不可或缺。這也是雌鳥選擇配偶時，會評估雄鳥是否具有耐力的理由。

野生的雌鳥不會立即接受雄鳥的求愛，而且被追求時有重複逃跑的行為。如果有數隻雄鳥，可能會圍繞著一隻雌鳥展開爭奪。而雌鳥會選擇與獲勝且追求自己到最後的雄鳥。具備強大耐力的雄鳥，不但會保護巢穴不受外敵侵擾，也會不辭勞苦地撫養雛鳥。

至於人工飼養的家鳥，或許是因為沒有選擇的餘地，所以上述的試探行為很罕見。

※晚成鳥：是指在雛鳥尚未發育成熟的狀態下出生的鳥類，既沒有羽毛，眼睛也還沒睜開。早成鳥包括雞和鵪鶉等鳥類。

鳥伴侶也講究價值觀的契合度

有一項關於斑胸草雀的研究，調查配偶雙方個性和行為特徵的一致率，是否會影響到雛鳥的健康狀況。結果發現，一致率越高的配偶，雛鳥也會越健康（包括體重），而且展現出和父母相似的行為特徵。雖說性格多樣化一點會比較好，但以撫養雛鳥來說，鳥伴侶的價值觀一致最為理想。

價值觀越相近，雛鳥也越健康

研究表明，鳥伴侶的行為越相似，越適合撫養雛鳥。

還有一項針對斑胸草雀伴侶的研究，調查牠們的個性和行為特徵。所謂的行為特徵，簡單來說就是指行為模式。

研究人員，將成對的斑胸草雀分別置於不同的環境中，測試牠們會採取什麼樣的行為。第一次是放進新籠內的反應；第二次是牠們照鏡子時，分別會採取的行為。結果顯示，雙方行為的一致率很高，而牠們養育的雛鳥健康狀況也更好。而且即使離巢後，也會出現與父母相似的個性和行為特徵。這不僅是遺傳基因的問題，就像人類的家庭文化一樣，父母會將個性和行為傳承給孩子。

此外，當鳥伴侶的個性和行為特徵一致時，繁殖率也會更高。配偶之間的衝突不多，代表壓力較小，所以更容易繁殖、專心撫養雛鳥。雖然這是針對鳥類的研究，但放在人類身上，應該也同樣適用吧。

習性・本能

警戒時的兩種鳴叫聲

鳥類感到危急時有兩種不同的鳴叫聲，一種是發現敵人的警戒聲（Alarm call）；另一種是被抓住時的求救聲（Distress call）。當你試圖抓住鳥兒時，牠會邊跑邊發出警戒聲；而當你抓住鳥兒時，牠會發出尖銳且刺耳的求救聲。只要聽到這兩種鳴叫聲，即使不同種的鳥兒，也會開始對周遭保持警惕。

感到壓力時，也會發出警戒聲

有些飼主會在醫院頭一次聽到愛鳥的警戒聲和求救聲。但不介意被抓住，或平常在家沒有機會被按住的鳥寶，其實不會發出這些聲音。然而，很多鳥寶到獸醫診所時，在陌生的環境下突然被陌生人抓住，往往會出於警戒和害怕發出警戒聲，這是感到壓力的證明。為了減輕壓力，院方會捉住鳥寶，迅速進行檢查和治療、儘快放回籠內。

在野生環境下，鳥兒一旦聽到周圍有警戒聲和求救聲時，便會提高警覺心。因為這些鳴叫聲，代表敵人的出現或遭到敵人捕獲的求救。所以即使是聽到不同種鳥類的鳴叫聲，也足以感受到危險。

但在醫院，由於在候診室也可能聽到鳴叫聲，所以鳥寶在診察之餘，也會感到警戒和緊張。所以從醫院回到家後，要先將鳥寶放回平日的籠內休息。等平靜下來以後，請多多跟鳥寶溝通，用誇獎來安撫牠吧！

出現分離焦慮症時

有人指出人工育雛的鳥寶，不如親鳥育雛的獨立，且對人類的依賴性較高。也就是所謂的「慣性依賴」，這點在單獨飼養的鳥寶身上最為強烈。雖然飼主可能會很開心，但不多加注意的話，可能會引起分離焦慮症。就是當鳥寶看不到飼主時，會大吵大喊、坐立不安。

嚴重的話，甚至飼主不在身邊就不移動或拒食。為了避免這種狀況發生，飼主必須將自己當成親鳥，教育鳥寶自立、能夠獨立生活。飼主不必像親鳥那樣與孩子徹底分開，但也不要永遠把鳥寶當作三歲小孩來照顧，而是要意識到牠已經成年了。

人工育雛的鳥寶抗壓性較差

為了馴化而由人類撫養雛鳥的行為，稱作人工育雛。雖然鳥寶會因此親近人類，但遺憾的是，這種育雛方式存在著諸多風險。

人工育雛比在親鳥養育下的自然育雛，更容易出現行為障礙。主要原因是，前者會給離開親鳥的雛鳥造成壓力。雛鳥本來是在昏暗狹窄的巢穴中依偎著母鳥，與兄弟姊妹在安心的環境中成長。牠們會在成長過程中，學習同物種特有的行為模式（如：與配偶之間的距離感；整理同伴羽毛的方法、頻度、鳴叫方式或肢體語言等非語言的感情交流）。

研究表明，與母鳥長時間相處的雛鳥，抗壓性也越高。然而，人類為了飼養鳥兒，會突然用手將牠們帶離巢穴，移到明亮的環境中，被迫與母鳥分離之下，會讓雛鳥產程一定的壓力。加上成長過程中，如果血液中的壓力荷爾蒙（皮質酮）偏高的話，會損害大腦發育。

與母鳥分開成長，容易引起分離焦慮症

分離焦慮症，是人工育雛造成的行為障礙之一。罹患這種症狀的鳥寶，往往極度厭惡單獨相處，並相當依賴飼主。特徵包括當飼主即將從視線中消失，或離開視線時，鳥寶便會不停地大喊大叫，或是習慣在棲木上來回走動。一旦飼主不在，便會失去食慾，甚至表現出過度啃咬棲木、玩具等破壞行為。此外，也被視為鳥寶做出拔毛或咬毛等自殘行為的主要原因。

飼主也要用心與鳥寶建立對等的關係

很多飼主總是將愛鳥當成孩子來看待。但鳥寶其實成長得很快，小型鳥只要短短半年不到，就成為性成熟的大人了。本來鳥寶可以自行獨立，就是與父母分離的時期，親鳥也會開始遠離孩子。

但人類的飼養環境，容易養出無法與父母分離、依賴心強的鳥寶。人之所以要照顧鳥類，是因為鳥類需要人類提供得以生存的環境，而非牠們永遠幼小、長不大。

如果一直把鳥寶當成三歲小孩來看待，飼主會因為自己要外出而擔心不已。一旦飼主對於要將鳥寶獨自留下而感到不安或過度擔心，就會表現在臉上。不過，從鳥寶的角度來看，牠們不明白為何飼主如此擔心。所以，當鳥寶看到飼主帶著不安的表情離開，也會使牠們感到不安。

愛鳥變成了成鳥，就已經是優秀的大人了。當你準備出門時，記得面對微笑地對對鳥寶說一聲：「我出門囉！」

啄咬人類皮膚的原因

如果鳥寶以輕啄的方式咬人脖子或肩膀上的皮膚，可能是因為牠想整理羽毛。雖然被咬會很疼痛、不愉快，但你很難阻止鳥類的習性。如果感到疼痛並甩開手的話，可能會出現意外。所以建議大家在皮膚上覆蓋衣物，來防止被鳥寶啄咬，並觀察情況吧！

輕啄是一種愛情表現

鳥類非常重視和伴侶維持關係的親和行為，而整理羽毛是不可或缺的表現（參考第52頁）。所以鳥寶可能會咬住視為伴侶的人類皮膚，當作整理羽毛。由於鳥類的羽毛大多位於脖子周圍，才會輕啄人類脖子周圍的皮膚。根據不同鳥類的習性，有些鳥寶不會只咬脖子周圍，而是任何地方都咬。有人認為這種啃咬習慣不算是問題行為，因為這是鳥類的習性，所以很難根治。即使人類不喜歡，但鳥類也無法理解。

曾經有位飼主因為突然被咬，反射性地甩開鳥寶，導致愛鳥骨折。為了防止這種事故發生，請在容易被咬的地方用衣物遮住吧。

第 3 章

鳥寶身體大不同

鳥和我們人類的身體構造非常不同，
但麻雀雖小，五臟俱全，
小小的身體中藏著驚人的奇蹟。

用打噴嚏來清理鼻腔

鳥類喝水時，水會通過鼻後孔進入鼻腔，然後藉由打噴嚏來清潔鼻腔內部。因為鳥類喝水後會打噴嚏，所以偶爾會在喝完水後一陣子才打噴嚏，這也是噴嚏附近有水花飛濺的原因。

為什麼喝水後會打噴嚏

鳥寶每天都會打幾次噴嚏，但這不是因為感冒或身體有異常。鳥類打噴嚏時偶爾會噴出水花，這是因為鳥寶喝水後，為了將流入鼻腔內的飲水排出體外所致。

在鳥的硬顎中央（左頁圖）有著狹縫狀的孔，稱為鼻後孔。鼻後孔與鼻腔相連，當鳥嘴閉合時，鼻後孔會與喉頭相通，鳥兒從鼻孔吸入的空氣會進入氣管。由於鼻後孔無法閉合，所以當鳥兒喝水時，水自然會進入鼻腔。從嘴部流入鼻腔的水有清潔鼻腔內部的作用，當清潔完鼻腔後，水就會通過打噴嚏排出體外。所以鳥類喝水時，也同時在清洗牠的鼻腔。

有些飼主看到愛鳥打噴嚏會擔心是否生病了，不過鳥類罹患鼻炎或鼻竇炎時（參考第124頁）會引發病理性噴嚏。病理性噴嚏的常見症狀有：頻繁打噴嚏、嚴重流鼻水、鼻孔濕潤、鼻孔上方羽毛髒污、鼻孔堵塞、眼睛或臉頰腫脹等。

鳥類嘴巴與鼻子的構造

〈鳥類鼻腔內的結構〉

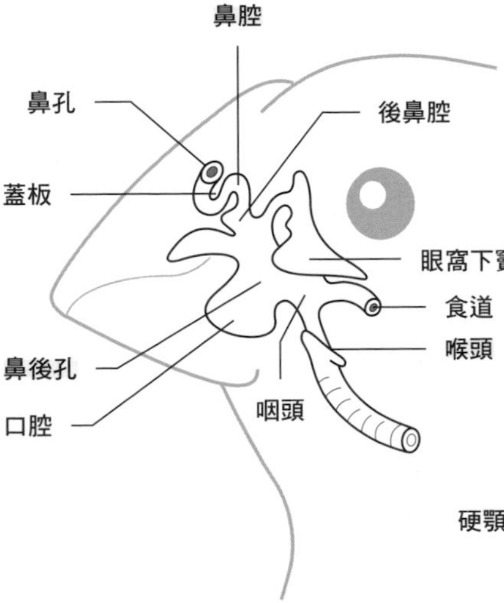

〈鳥類口腔內的結構〉

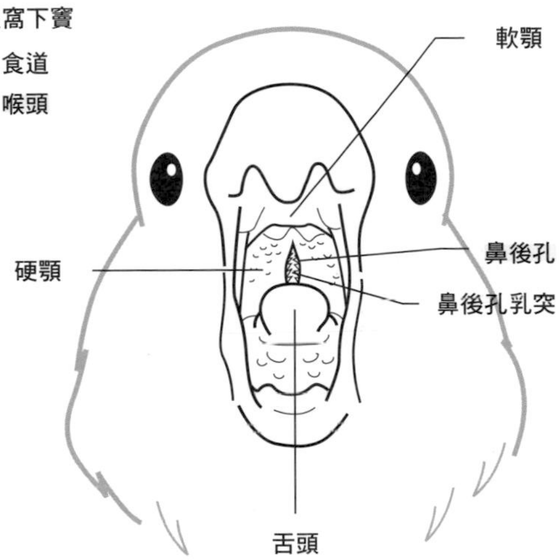

從兩張圖可以發現，鳥的嘴巴和鼻子是由鼻後孔相連。

用打噴嚏來清理鼻子

用嘴喝水。

← 當嘴閉合時，
一些水
會進入鼻後孔。

← 水從鼻後孔進入鼻腔內，鳥類會打噴嚏將水排出體外。

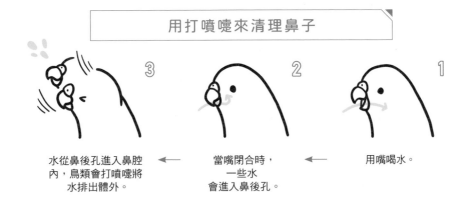

爪子是鼻腔的清潔工具

鳥寶會用爪子清理鼻腔，但如果趾甲太長、趾甲因質地改變而不夠尖銳或腳趾發生病變，鳥寶將無法用爪子清潔鼻腔，導致鼻腔堵塞。若放著不管，鼻腔很容易受到感染，而無法用鼻子呼吸，必須藉由外力來清理鼻腔。一般來說，醫院的獸醫會將清洗液滴入鳥的鼻腔中，再吸出鼻腔內的分泌物。

鳥寶會用爪子靈巧挖出卡住鼻孔的異物

鳥類的鼻腔有一個名為「蓋板」的結構（參考第77頁），可防止異物進入鼻腔深處。

鳥寶會用爪子挖出積累在蓋板上的分泌物來清潔鼻腔，如果平日很少修剪，指甲可能會長太長或扭曲變形，或者因疾病和老化而不夠尖銳，這些情況都會讓鳥寶無法自行清理鼻腔。

而鳥寶的腳骨折，以及罹患關節炎、腱鞘炎等疾病時，會導致腳趾無法舉到鼻孔的高度，或無法用另一隻腳單腳站立，也同樣會讓鳥寶難以自理。所以飼主必須常常修剪鳥寶的趾甲，使其保有適當的長度和尖銳度。

如果鼻孔堵塞住，請到醫院進行清理

如果鳥寶無法自行清理鼻腔，且鼻孔明顯堵塞，請飼主將鳥寶帶到醫院處理。獸醫會將生理食鹽水等清洗液滴入鼻孔，並用抽吸機吸出分泌物。如果是鼻腔內的分泌物結塊，獸醫會改用尖細的鑷子夾出分泌物。

要是空氣無法通過鼻腔，鳥寶不僅會感到呼吸困難，還容易罹患鼻炎和鼻竇炎（參考第124頁）。飼主平時要多多觀察鳥寶的鼻孔，一旦鳥寶的腳爪出現任何異常，則要特別留意鼻部。

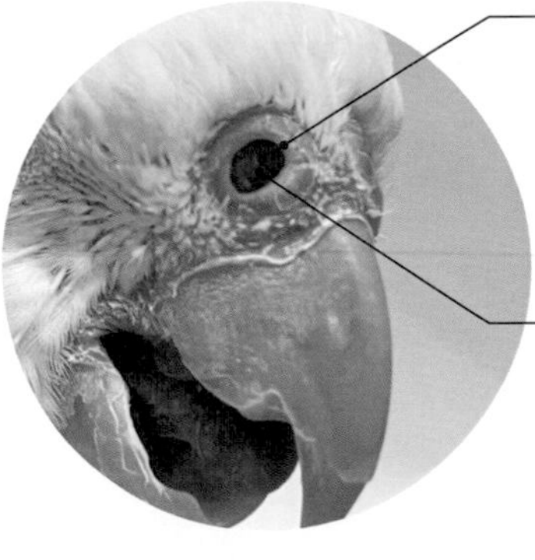

鼻孔

鼻孔是鼻子的開口。
鼻腔是指鼻孔內部。

蓋板

從鼻孔外可以看見鼻腔和後方的蓋板，蓋板具有防止異物進入鼻腔深處的作用，空氣會從蓋板旁的空隙被吸入後鼻腔。

耳朵的構造

鳥的耳孔其實出乎意料的大，鳥類也有鼓膜、一個聽小骨。鼓室通過耳咽管與咽頭相連，可調節耳內壓力。由於鳥類飛行時會快速上升和下降，因此對氣壓的變化相當敏感，鴿子只要改變五公尺高度就能感到氣壓的變化。

優秀的聽力是溝通的關鍵

不像人類和貓狗有外部的耳廓，鳥類的耳朵是平日隱藏在羽毛下的孔洞。

鳥類能透過叫聲進行交流和區分雌雄。人耳能夠明顯分辨的例子是十姊妹，雄性十姊妹有著高亢明亮的嗶嗶叫聲；雌性十姊妹則是低沉混濁的啾啾叫聲。雖然其他鳥類的叫聲沒有太明顯的差異，但一般認定鳥類能根據叫聲區分所屬物種的雄性和雌性聲音。

耳朵的結構出奇地簡單

鳥類耳朵的結構比哺乳動物單純。有一種名為聽小骨的骨頭，能夠將鼓膜的振動傳遞到內耳。哺乳動物有三種類型的聽小骨，但鳥類只有一種（參考左頁圖）。耳蝸則會將聽小骨傳來的振動傳達至感覺神經，哺乳動物或人類的耳蝸以蝸牛般的形狀聞名，但鳥類的耳蝸並非蝸牛狀，而是呈現袋狀。

此外，鼓膜內側有一個名為鼓室的空間，鼓室藉由耳咽管（咽鼓管）與咽頭相連，擔負調節內部壓力的角色。當人們坐電梯或去高海拔地區時，耳朵可能會有被堵住的感覺。這時可以嘗試用吞口水或打哈欠來調節耳內的壓力。

雖然不清楚鳥類往高處爬升時是否會耳鳴，但鳥和人一樣，鼓室內的壓力會發生變化，並由耳咽管調節壓力。目前普遍認為鳥類能透過內耳感知氣壓。

候鳥的身體構造與寵物鳥略有不同，候鳥能透過氣壓感知海拔高度、感知五至十公尺的高度差異，所以能保持在固定高度飛行。

雖然鸚鵡類與雀科尚未有完整的研究，但牠們可能也具備由氣壓感知高度差異的能力。

人類耳朵與鳥類耳朵的比較

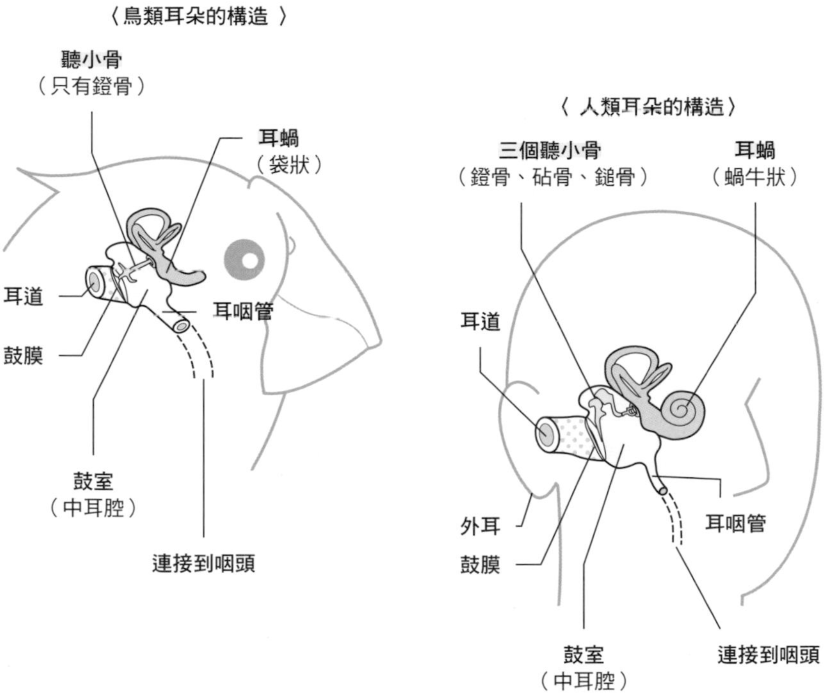

鳥類的耳朵沒有外耳，通常被羽毛覆蓋著，儘管鳥類與人類的耳朵結構非常相似，但構造卻比人類簡單許多。

頭骨可以感知光線

我想說明一下光照時間和睡眠之間的區別。鸚鵡若長時間處於明亮環境下，會激起發情反應，即使閉著眼睛睡覺，只要周遭環境明亮，鸚鵡都會以為是白天很長。鳥類腦中有一個名為松果體的感光器官，讓鳥類能夠透過頭骨感知光線、認知晝夜節律。

閉上眼也能感知光照長度

鳥類不僅能用眼睛感知光線，還能透過腦中的松果體辨到。因為鳥的頭骨很薄，所以光線能照射到腦部。虎皮鸚鵡的頭骨厚度約為1～2毫米，光線就像透進磨砂玻璃一樣穿過頭骨。由於鳥的眼皮也相當薄，以至於閉著眼睛也能感知到光線。甚至入睡期間，也能藉由眼睛和松果體識別晝夜節律。如果飼主想用調整晝長（白天時間）來抑制發情，僅僅讓鳥寶睡覺是不夠的。因為即使牠們閉眼睡覺，只要周圍環境明亮，也能感知到晝夜長短。因此若想調整鳥寶認知的晝長，不是從作息時間著手，而是調整環境的明暗時間。

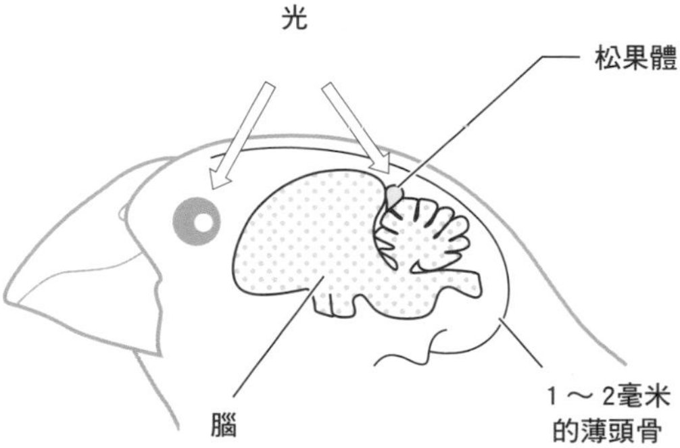

身體構造

視力超強的關鍵在於櫛膜

鳥的眼睛有一種稱為櫛膜（又稱梳狀體）的皺褶狀血管結構。鳥類視網膜的血管數量大幅減少，取而代之的是從櫛膜獲得氧氣和營養供應。通過減少視網膜的血管數量，感光細胞可以接收更多訊息，使鳥類具有良好的視力。由於紅色眼睛沒有黑色素，因此可以直接從外側看到櫛膜。

黑色素能保護眼睛免受紫外線的傷害，因此缺乏黑色素的紅眼較為脆弱。紫外線是導致老年性白內障的原因，如果眼睛沒有黑色素，紫外線將能長驅直入，加速眼睛老化。就算家中飼養的鳥寶並非紅眼，也一定要將紫外燈裝設在上方，避免直射到鳥寶的眼睛。

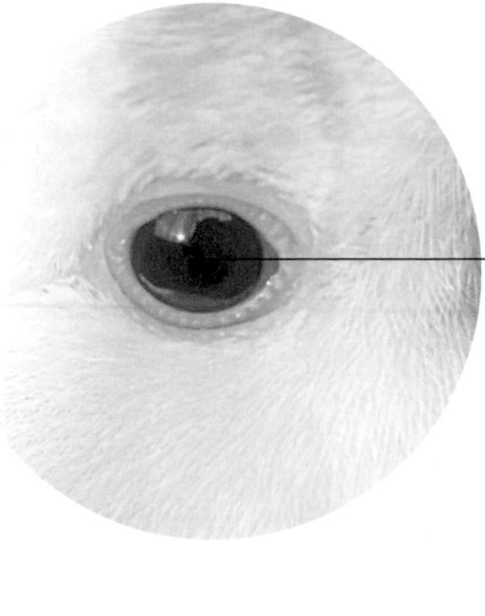

鳥喙的多層構造

鳥喙尖端會定期剝落，所以偶爾會呈現分層片狀剝離，鳥兒會利用棲木等物體摩擦喙部，去除嘴喙上的髒污之餘，還能削除嘴喙的表面。鳥兒也會用同樣的方式處理下喙。如果嘴喙的質地變差，會導致角質無法剝落、喙部增厚，或是表面剝落後變得太過粗糙等狀況。

為了避免喙部過度增生，平常就會自然地修磨嘴喙

鳥喙的表面和趾甲一樣，是由一種名為角蛋白的蛋白質組成，嘴喙隨時都在生長，所以鳥類會摩擦上下喙內側，來剝除嘴喙的外側，以保持喙部形狀正常。尤其是鸚鵡睡覺時會像磨牙一樣，摩擦上下喙的內側；以摩擦棲木或籠子來剝除嘴喙外側。

如左頁圖所示，鳥喙的內部是由角蛋白層、真皮層、泡沫層和骨骼層，共四層所組成。由於真皮層含有毛細血管，所以嘴喙受傷或喙部尖端修剪過度時會流血。泡沫層是骨骼的一部分，構造很類似泡沫，能使喙部更輕盈、堅固。

萬一喙部過度生長，最好找出原因、加以照護

如果鳥喙過度生長，可能是嘴喙的角蛋白硬度出現異常，變得太堅硬或太脆弱。背後原因可能跟肝功能障礙、高脂血症、過度產蛋導致蛋白質流失、缺乏必需胺基酸和老化等有關。

源自南美洲的凱克鸚鵡、錐尾鸚鵡、綠頰鸚哥、金剛鸚鵡等的嘴

嘴喙尖端分層剝落是很正常的現象。

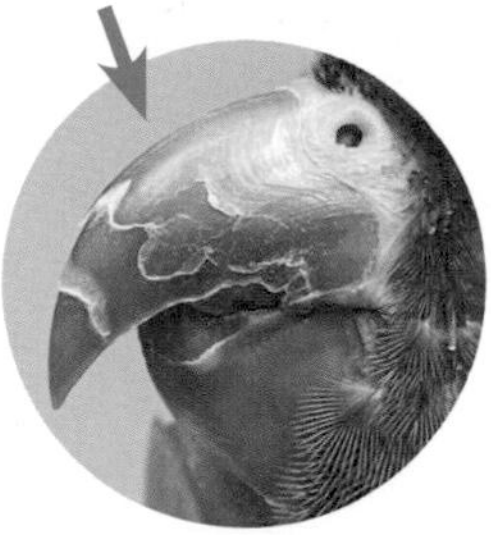

從上方開始剝落而非尖端的原因，可能是喙部過度摩擦棲木造成的。

喙則相當堅硬，如果是人工飼養，會出現難以順利自行修磨嘴喙、喙部過度增生的狀況。飼主不妨透過血液檢查確認是否罹患相關疾病，如果未發現異常，建議由人工方式定期為鳥寶修剪嘴喙。

鳥兒的喙部構造

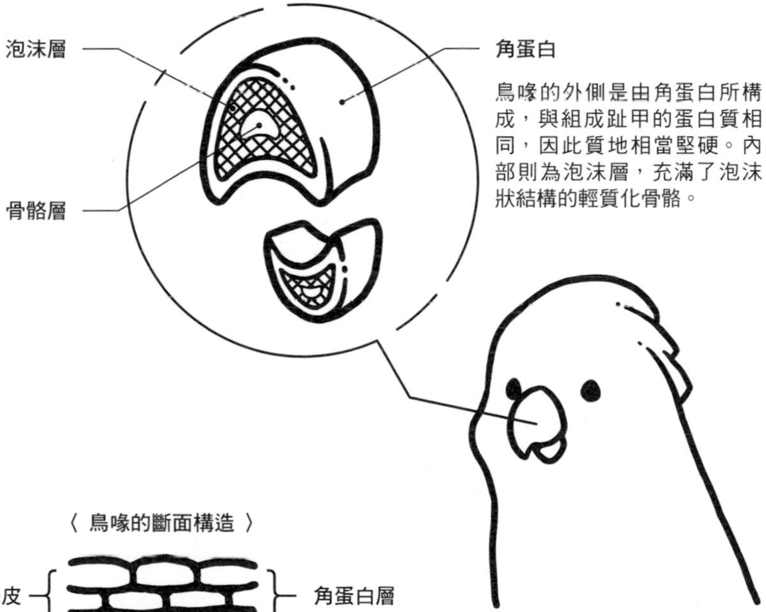

鳥喙的外側是由角蛋白所構成，與組成趾甲的蛋白質相同，因此質地相當堅硬。內部則為泡沫層，充滿了泡沫狀結構的輕質化骨骼。

〈 鳥喙的斷面構造 〉

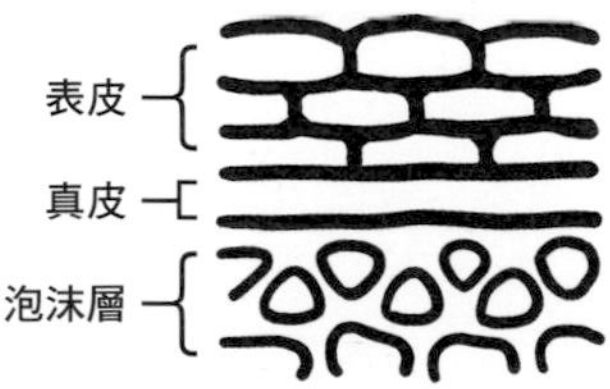

鳥羽的成長過程

鳥兒換羽時為了讓頭部的羽鞘脫落，會用腳抓撓頭部、磨擦物品或由同伴幫忙理毛。但隨著年齡增長，可能會遇上無法自己抓撓頭部、沒有同伴幫忙梳理的情況，使羽鞘硬化到難以脫落，讓頭部羽毛變得參差不齊。這時，飼主可以用手指或指甲磨擦羽毛，幫鳥寶一點一點地去除羽鞘。

羽毛是由血液製成的

羽毛是在吸管狀的羽鞘包覆下生長，而新長出的羽毛稱為新羽。如左頁圖1所示，羽毛最初是在血液流通的狀態下成長，血液則提供必要的養分，使羽毛在羽鞘中形成，並逐漸伸長。

隨著新羽的成長，羽毛在羽鞘內形成後，羽鞘會從尖端開始分解，使羽瓣張開（圖2）。當羽毛形成後，羽鞘便功成身退，隨著鳥兒理毛或外力作用而脫落分解。所以換羽期間，才會出現許多羽鞘分解後的白色粉末狀物質（圖3）。

老鳥換羽 需要飼主的協助

鳥寶可以利用理毛或用腳抓撓自行去除羽鞘，但頭頂或後腦勺附近卻很難自理，必須用物品磨擦或同伴幫忙理毛才行。如果鳥寶的腳出現病變，無法自行抓撓頭部或沒有同伴幫忙，將很難去除頭部的羽鞘。隨著鳥寶衰老，羽鞘恐怕會硬化到難以脫落的程度。在這種情況下，如果鳥寶不排斥飼主觸碰，飼主可以試著用手指或指甲輕輕摩擦羽毛、去除羽鞘。

羽毛的成長過程

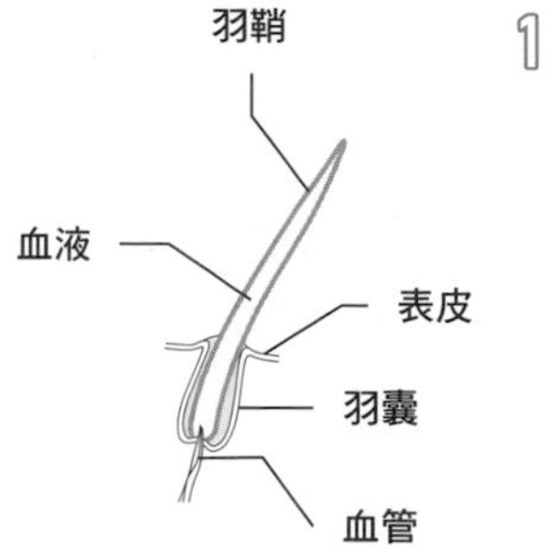

羽毛開始生長，血液通過皮膚中的羽囊，形成羽鞘。

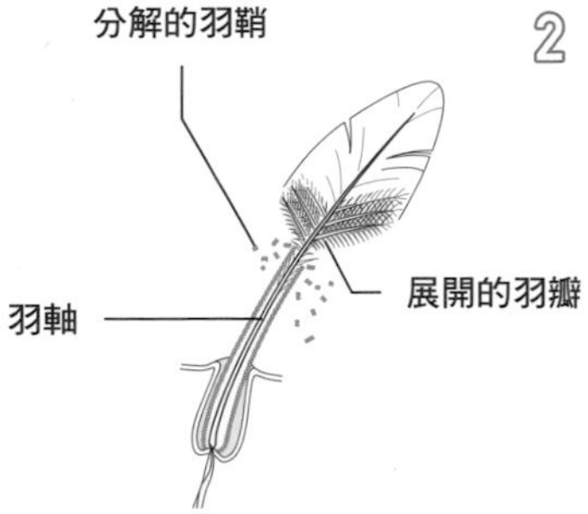

成熟的羽鞘內會形成羽軸，而羽軸的尖端會形成羽瓣，隨著羽瓣成長和展開，結束作用的羽鞘便會逐漸分解。

圖 2 過一段時間後，羽鞘內的血液會逐漸減少，羽軸變得更細更硬，並形成羽軸根（羽柄）。

成熟的羽毛，羽鞘會完全消失。因為羽鞘的任務結束了，所以羽囊和血管會分離。這就是羽毛脫落時不會流血的原因。

換羽期間的老鳥頭部，顯眼的白色部分是未完全脫落的羽鞘。

四種換羽方式

鳥類換羽時不一定會替換全身的羽毛，換羽可分為四種類型，一是全身換羽，替換全身的羽毛。二是部分換羽，替換飛羽、覆羽、尾羽以外的羽毛。三是不規則換羽，僅替換掉損耗的羽毛。四是補充換羽，替換因某種原因而脫落的羽毛。在某些情況下，鳥類不會有明確的換羽期，而會持續不規則換羽。

1 全身換羽

鳥類會一次替換全身的羽毛，不過是循序漸進地局部替換，而非一口氣全部脫落。當新羽成長到一定程度時，下一部分的羽毛就會脫落，然後又會長出來……鳥類會不斷重複這個過程，直到替換掉全身羽毛為止。

2 部分換羽

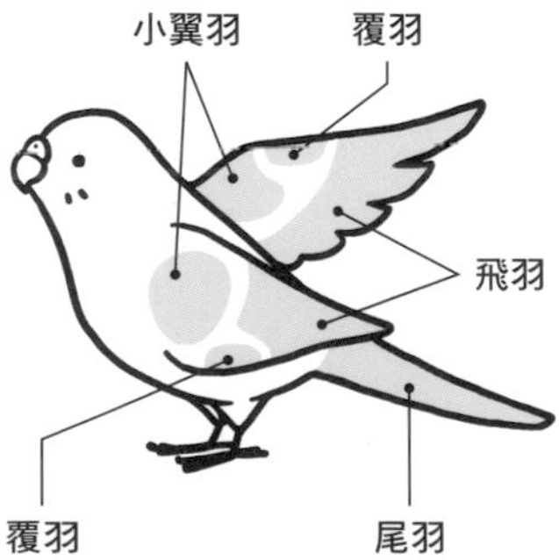

部分換羽是指替換飛羽、覆羽、小翼羽和尾羽以外的羽毛。覆羽是生長在翅膀上的羽毛，其中又分為翅膀背側的翼上覆羽，與翅膀腹側的翼下覆羽。翼上覆羽又分為初級覆羽、大覆羽、中覆羽和小覆羽。

3 不規則換羽

不規則換羽是指僅替換掉過度損耗且形狀破損的羽毛，在某些情況下，鳥類只會進行不規則換羽，且沒有明確的換羽期。

4 補充換羽

鳥類受到敵人攻擊時會突然飛起，這時羽毛很容易脫落。脫落的正羽可以分散敵人的注意力，就算不小心被抓住，也能藉由羽毛脫落來逃脫，這個現象稱為「驚嚇性掉羽」。這也是鳥寶在籠內受到驚嚇、橫衝直撞時，會掉落大量羽毛的原因。補充換羽指的就是替換上述情況中脫落的羽毛。在研究鴿子初級飛羽的報告中，有數據顯示因換羽而脫落的羽毛，會在 2 ～ 3 日後開始生長；因其他原因而脫落的羽毛，則會在 8 日後開始生長。羽毛的平均成長週期為 21 ～ 37 天，每天生長 4 ～ 5 毫米。目前沒有關於寵物鳥羽毛的研究，但可以確定的是，羽毛的成長速度和羽囊（形成羽毛的地方，參考第 87 頁）大小成正比，所以鴿子羽毛的研究有一定程度的參考價值。

換羽期注意事項①

就算鳥寶遲遲不換羽，飼主也無法強迫牠開始。反之，如果鳥寶的換羽期很漫長，飼主也無法強制停止。換羽時溫差不能太大，而且與濕度、光照長度、營養、年齡、身體狀況和發情等多種因素有關。但可以調整哪些要素讓鳥寶開始或停止換羽，目前還沒有定論。

換羽非常難掌控

換羽會受各種因素影響，例如溫度、濕度、光照長度、營養狀況、健康狀況、發情、壓力和年齡等，目前還沒查出影響換羽的確切原因。所以飼主不能因為鳥寶沒在該換羽的季節換羽，就以人為的方式強迫鳥兒進行換羽。另外，當鳥寶持續進行不規則換羽時（參考第89頁），飼主也無法強制停止。

鳥類不換羽的原因包括，因疾病引起的長期飼料攝取不足、肝病、甲狀腺機能低下症、衰老等。如果原因是衰老，那飼主也無能為力。但其他情況則可以通過血液檢查來診斷，要是鳥寶遲遲不換羽，飼主不妨帶到醫院進行相關檢查。

當鳥寶頻繁換羽時，其實也很難找出確切原因。若鳥寶終年被飼養在恆溫、恆濕、光照長度固定，沒有任何季節變化的環境下，可能會對一些細微的變化非常敏感。尤其是飼養生活在遠離赤道的鳥類（如：虎皮鸚鵡、玄鳳鸚鵡、桃面愛情鸚鵡、日本鵪鶉等）時，應佈置有溫差的生活環境，並隨季節調整光照長度。另外，飼主還能從改善健康狀況或抑制發情，來阻止鳥寶頻繁換羽。

換羽期注意事項②

換羽期間的羽毛成長速度，不論白天和黑夜都一樣。由於鳥類不在晚上進食，當組成羽毛的蛋白質不足時，身體便會分解肌肉，為羽毛提供成長材料。而鳥寶在換羽期體重很容易下降，身體狀況也容易變差。當鳥寶身體受寒時會引起嘔心症狀，所以請飼主在換羽期間多注意鳥寶的食量和溫度。

換羽期間要徹底補充營養

羽毛是由蛋白質中的角蛋白所組成，鳥類換羽時會增加對蛋白質的需求。其羽毛、嘴喙、指甲的角蛋白中，含有大量必需胺基酸的甘氨酸，但卻很難單純透過小米或日本稗粟來完整補充。如果鳥寶吃的是種子飼料，就必須額外添加營養補充品，換羽期間我會推薦諾克盾（Nekton-Biotin）的營養補充品；如果是吃乾飼料，建議替換成蛋白質含量較高的類型。

羽毛會日夜不停地成長。白天可以攝取食物性蛋白質來補充營養，但夜晚缺乏蛋白質時，則得分解體內的肌肉，來為羽毛成長提供材料。所以若白天沒有獲得足夠的營養，會讓體重減輕和身體狀況變差。更別說鳥寶受寒時也會讓消化道運動變得遲緩，甚至引發嘔吐。如果鳥寶的腳趾變冷，要給予保暖措施。還有一點要特別注意，如果鳥寶正在進行飲食控制，即使餵食量和往常一樣，體重也可能突然驟降。

換羽期間，我推薦這兩種補充營養的乾飼料：哈里森(Harrison’s)的High Potency(左)，與柔迪布殊(Roudybush) 的Breeder(右)。

脂粉及尾脂腺的關聯性

脂粉和尾脂腺的分泌物有防止羽毛變髒及防水的功用。根據鳥種的不同，一般來說鸚鵡科的脂粉較少，尾脂腺較大；而鳳頭鸚鵡科的脂粉較多，尾脂腺較小。因此人們認為，鸚鵡科經演化後主要是以尾脂腺的分泌物維護其羽毛；鳳頭鸚鵡科經演化後則主要是以脂粉保護其羽毛。

鳳頭鸚鵡科是用脂粉，鸚鵡科與雀科則用尾脂腺來保持羽毛的清潔

雖然羽毛本身就能防水了，但脂粉和尾脂腺的分泌物在防止羽毛變髒、防水性和耐磨性上更具作用。

脂粉是由粉絨羽的尖端分解形成的細小角質粉末。粉絨羽不會換羽，幾乎一生都是同一個在持續成長（除非脫落了才會重新生長）。

而在所有鳥類中，鳳頭鸚鵡科的鳥兒以脂粉最多為其特徵，但卻因為尾脂腺很小，所以不會像鸚鵡科的鳥兒一樣經常理毛。其中，亞馬遜鸚鵡和藍頭鸚鵡幾乎沒有尾脂腺，卻會產生大量脂粉。

鸚鵡科、梅花雀科（文鳥、斑胸草雀等）、燕雀科（金絲雀）的鳥兒只能產生少量脂粉，但具有較大的尾脂腺（左頁圖）。當牠們在理毛時，會將尾脂腺產生的分泌物塗抹在喙部或頭部，並梳理全身羽毛。

如果發現鸚鵡科或梅花雀科的鳥寶尾脂腺腫脹，或鳳頭鸚鵡科的鳥寶產生的脂粉減少，表示可能生病了，最好到醫院檢查。另外，若飼主看到鳳頭鸚鵡科的鳥寶頻繁地梳理羽毛，則要懷疑是否為壓力引起的自我刺激行為。

鳳頭鸚鵡科鳥類的粉絨羽尖端會分解，並成為脂粉掉落在周圍。

粉絨羽

不同鳥種的尾脂腺大小

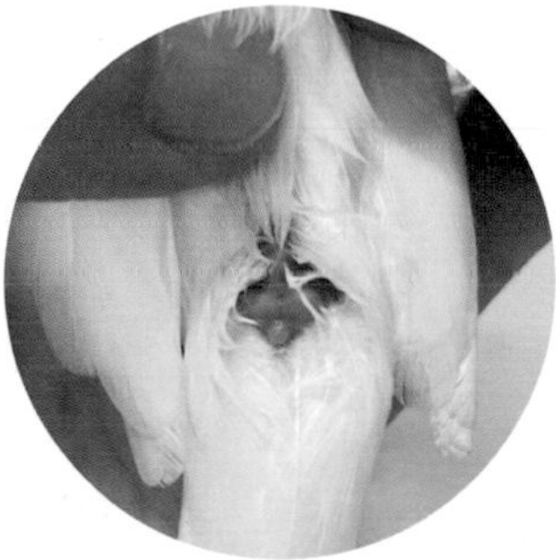

文鳥的尾脂腺

文鳥的尾脂腺很大又發達，從外面看也非常明顯，所以有時會讓人誤以為是生病了。圖中為正常大小。

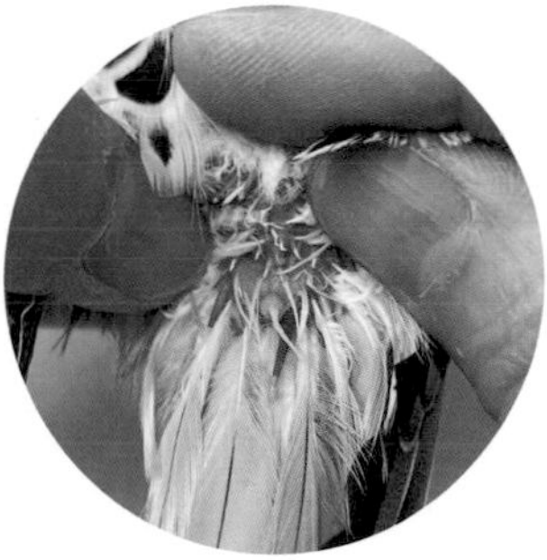

虎皮鸚鵡的尾脂腺

雖然虎皮鸚鵡的尾脂腺不像文鳥那麼明顯，但藏在皮膚下的尾脂腺其實也很大。

雨傘巴丹鸚鵡的尾脂腺

雨傘巴丹鸚鵡雖然有尾脂腺，但既不發達也不明顯。

發情臭的秘密

雌性虎皮鸚鵡在發情時會產生一種特殊氣味，這個氣味是來自尾脂腺分泌的三種烷醇。因為虎皮鸚鵡的頭部會與尾脂腺摩擦，所以頭部會散發氣味。

雄性分泌的烷醇是雌性的四倍，但由於烷醇的混合方式不同，因此雄性的氣味和雌性不同，雌性虎皮鸚鵡可以透過氣味區分雌雄。

雌鳥能靠氣味區分性別

雌性虎皮鸚鵡有一種稱為發情臭的獨特氣味，這種氣味來自尾脂腺分泌的三種烷醇（十八醇、十九醇和二十醇）。由於虎皮鸚鵡會用頭部摩擦尾脂腺，所以頭頂的氣味會比較強烈。而雄性分泌的烷醇是雌性的四倍，但雌性氣味中有三種烷醇的混合比例與雄性不一樣，使得雌性的氣味比雄性更為突出。烷醇混合比例的差異，也是雌鳥能區分性別的原因。

除了虎皮鸚鵡以外，白腰文鳥、斑胸草雀、黃眉鵐、禿鼻鴉等許多其他鳥類，也被發現雄性和雌性具有不同的氣味。

半腦輪流入睡

鳥類的睡眠方式與人類不同，大多數鳥類屬於半腦睡眠。當一半大腦入睡時，另一半會為了保持對周遭的警戒而醒著。一項針對錐尾鸚鵡的研究發現，牠們一天當中有57%的時間在睡覺，所以即使看似清醒，另一側大腦也可能處於睡眠狀態。這份研究讓人們好奇，鳥類是否需要連續性的長眠來休息。

人類辨不到的「半腦睡眠」

「半腦睡眠」是指大腦左右半球交替睡眠的現象。如果測量鳥類的腦波，會同時出現一邊清醒、一邊處於入睡狀態的腦波。

一般來說，由於野生鳥睡覺時可能會遭遇捕食者攻擊，必須隨時保持警惕，才演化出這項特徵。所以即使鳥寶看起來睡得很熟，也會因為一點輕微的聲響或動靜而醒來。或者看起來是清醒的，但其實是只閉上一隻眼睛的半腦睡眠狀態。

然而，鳥類不會老是處於半腦睡眠狀態，像錐尾鸚鵡一天有43%的時間，左右兩側的大腦是清醒的。鳥類也跟人類一樣，可能會在極短時間內進入全腦睡眠狀態。

半腦睡眠也許避免鳥寶睡眠不足，但夜晚是身體重要的休息時間，要盡量避免熬夜。

鳥類獨有的消化系統

鸚鵡和雀科沒有盲腸，也幾乎沒有大腸，所以消化道比哺乳動物還短，食物通過的速度也更快。鳥類很少像人類一樣便秘，故無法排便的原因可能包括腸梗阻、胃腸道腫瘤、腹膜炎、排便神經肌肉障礙、蛋阻症、腫瘤等症狀所引起的物理壓迫等。

食物通過鳥類消化道的時間取決於食物的特性、飲食習慣、消化道的解剖學特徵和體型大小等。食穀性鳥類約為40～100分鐘；食果性鳥類為15～60分鐘；食蜜性鳥類為30～50分鐘。然而，虎皮鸚鵡最長需要11.75個小時才能將食物完全排出嗉囊。

鳥寶沒有原因單純的便秘

因為鸚鵡和雀科鳥類的盲腸已經退化，所以不像哺乳動物有很長的大腸。一般認為這項演化讓鳥類身體更輕盈且適合飛行。而鳥類攝取食物後，會迅速吸收營養並進行排泄，以免身體變重。

鳥類獨特的消化系統，以仰賴消化道內食物量為特徵。透過間斷性的進食，讓嗉囊內總是有食物，就能加快排泄速度。如果攝取量少，吃完後就不會馬上排泄，減慢通過消化道的速度。這是為了避免完全空腹，失去能量來源的機制。

由於鳥類的消化道比其他生物短，排泄物幾乎不會變硬。換句話說，鳥類便秘的原因絕不單純，所以若發現鳥寶完全不排便時，要立即做出應對。

突發性排便障礙大多發生在虎皮鸚鵡身上，若食用顆粒較大的黃米，且磨碎前就離開胃部，可能會剛好卡在迴腸，造成堵塞。若疑似發生黃米堵塞的狀況，建議使用緩瀉劑和促進消化道蠕動的治療法促進排泄。只要鳥寶遇過一次這種狀況，日後很可能再度發生，這時建議飼主將飼料換成不含黃米的混合種子飼料或乾飼料。

另外，若鳥寶因全身感染或腹膜炎導致腸道停止蠕動，也可能會停止排便。

鳥兒的消化系統

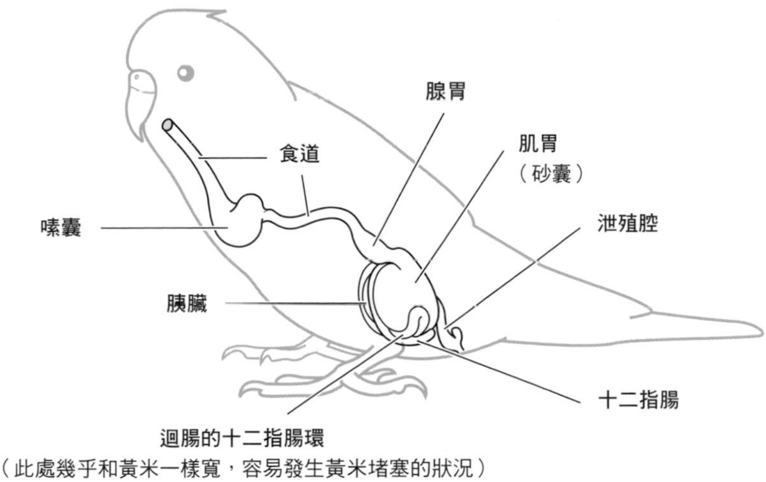

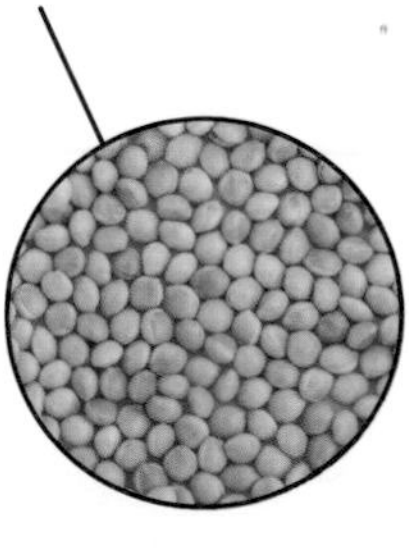

黃米

黃米為禾本科黍屬的農作物，是一種脂肪較少，顆粒較大，對身體相當健康的種子。如果鳥寶曾被黃米堵塞消化道，最好避免餵食。

厚實的嗉囊

鳥類吞嚥食物前不會咀嚼食物，嗉囊有較厚的角質化上皮，是為了保護自己不被吞入的食物傷害。由於嗉囊相當厚實，不太容易引起發炎，極少發生細菌性嗉囊炎。所以如果鳥寶被診斷為嗉囊炎，而獸醫開立的又是抗生素處方，那就有誤診的可能性。

食道和嗉囊是由特殊黏膜構成

鳥不像人一樣會咀嚼食物，而是將食物整個吞下後直接送至嗉囊。所以，鸚鵡和雀科鳥類為了避免食物通過食道和嗉囊時對黏膜造成傷害，其食道至嗉囊的黏膜是由「角質化複層扁平上皮」所組成。

角質化複層扁平上皮與皮膚的構造相同，都是由薄薄的細胞堆積形成上皮（皮膚）。在上皮的表面，細胞死亡後會硬化並形成角質層。換一種說法，「複層扁平上皮」與人類口腔和咽喉的黏膜是

嗉囊的形狀會因鳥種而異

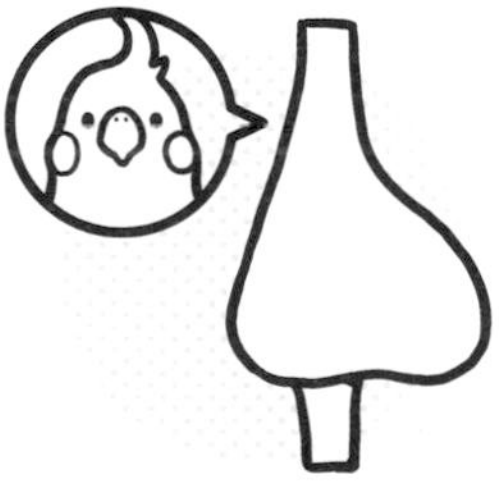

玄鳳鸚鵡的嗉囊

虎皮鸚鵡的嗉囊

相同的，請試著想像該部位的黏膜形成角質後硬化的狀態，這個狀態與人類腳底的表皮非常相似，雖然兩者不完全相同，卻有異曲同工之妙。

然而，嗉囊表面不像腳底一樣暴露在外，而是鳥類內臟的一部分。因此，嗉囊對細菌和真菌等感染具有較強的抵抗力，對磨擦和刺激的耐力也相當強。

嗉囊足以抵抗感染

嗉囊的角質層會不斷剝落，然後產生新的角質層。由於嗉囊會不斷產生新的組織，所以病原體很難侵入深層的部分。換句話說，鳥類因感染而引發食道炎、嗉囊炎、嘔吐的情況堪稱極為罕見，

即使在嗉囊液檢查（參考第114頁）中發現細菌或念珠菌，也不代表鳥類會被感染。嗉囊內本來就有常在菌，所以在嗉囊中發現細菌是正常現象。

鳥類罹患嗉囊炎的常見原因是寄生蟲的毛滴蟲（參考第128頁），滴蟲症主要發生於文鳥和虎皮鸚鵡身上，但偶爾也會遇見罹病的玄鳳鸚鵡。

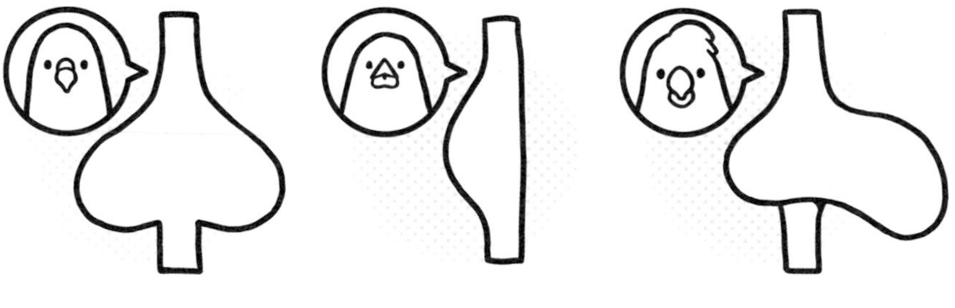

鴿子的嗉囊　文鳥的嗉囊　白鳳頭鸚鵡的嗉囊

鳥卵的形成過程

鳥卵從排卵到產卵大約只要24小時，不需要花上數天的時間。如果飼主在鳥寶腹部摸到蛋，但一天過後還沒產出，代表蛋卡住了。如果蛋被卡住卻沒有立即處理，將會因壓迫腹腔而無法取出，這時就得去醫院動手術了。蛋阻症發生時，有些醫院會建議再觀察看看，請飼主多加小心。

卵白會附著在卵黃上，最後形成蛋殼

雌鳥受精後，卵巢中的濾泡會排出卵黃給輸卵管傘接收。輸卵管傘負責撿拾卵子，有著像喇叭一樣的開口結構。

接著，輸卵管會蠕動，將卵黃輸送至輸卵管壺腹部，這時卵白會包裹卵黃。之後在輸卵管峽部形成卵殼膜，卵殼膜就是附著在蛋殼內部的薄膜。最後抵達子宮形成蛋殼，變成一顆完整的蛋後，雌鳥就會產卵。

鳥蛋只花一天就能成形

這段過程大約需要24～27小時，不過確切時間會取決於鳥種而有所不同。蛋的形成不需要花上數天，當飼主發現鳥寶肚子變大時，即可假設鳥寶將在一天內產卵。如果飼主觸摸鳥寶腹部時有摸到類似蛋的物體，但整整一天後仍未產卵的話，就可能是發生蛋阻症了，這時需要立即就醫治療。

更多關於蛋阻症的資訊，請參考第142頁。

從體內製造卵子到產卵的過程

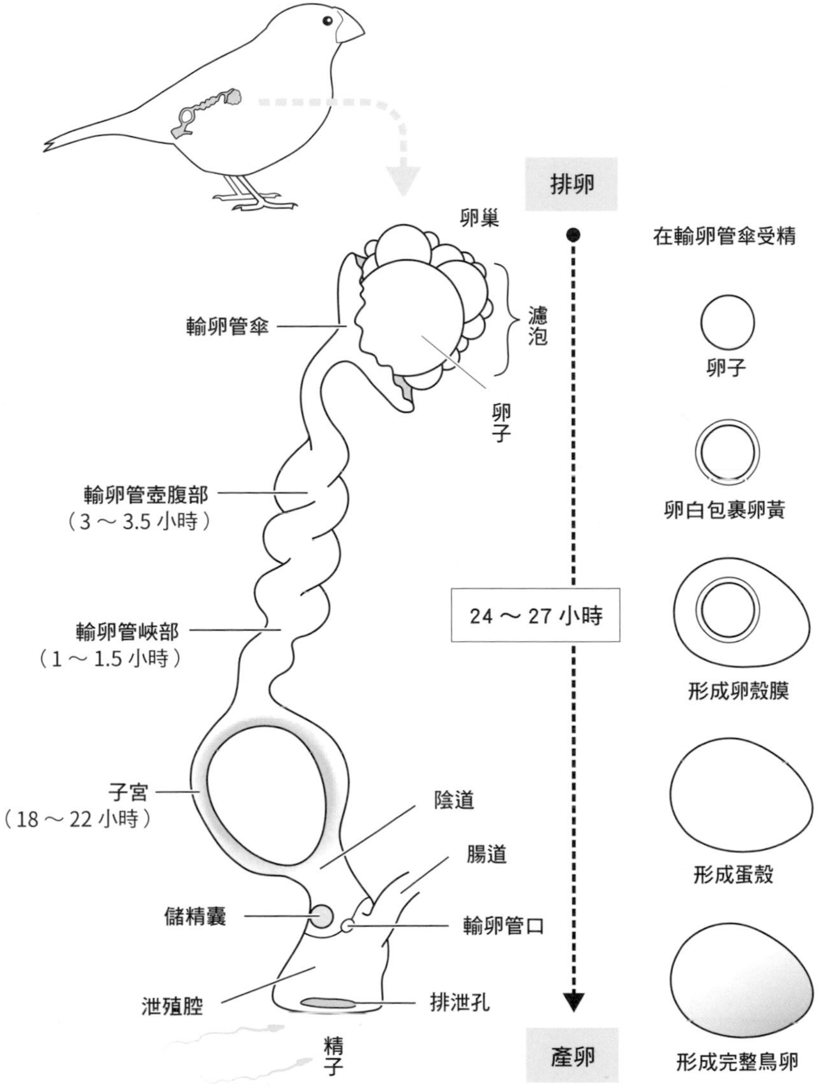

兩種產卵型態

鸚鵡科每隔一天會產卵一次；雀科雖然會每天產卵，但有時可能也會間隔數天。當鳥寶不按步驟築巢或窩在巢中時，很容易會發生不規則產卵。另外，定數產卵的鳥類不一定會產下一整窩蛋，所以上述情況發生時，飼主不用太擔心，但務必要注意鳥寶是否發生蛋阻症。

產卵有兩種型態：定數產卵和不定數產卵

定數產卵的鳥類每次發情時，發育成熟的濾泡（形成卵黃的袋狀結構，參考第101頁）數量是固定的，所以只能產下固定數量的蛋。

而不定數產卵的鳥類每次發情時，因為發育成熟的濾泡數量沒有限制，所以直到當雌鳥認為已經產下一窩蛋時（※1），濾泡才會停止發育。

產卵型態會因鳥種而異，但哪種鳥是哪種型態尚未有詳細的結論。目前已知的各類鳥種產卵型態，

請參考下方的表格。

鸚鵡最快可以每隔一天產卵一次，燕雀則能每天產卵。但大多數的家鳥產卵時不會像野生鳥一樣採取正常步驟（①築巢→②窩在巢中待產→③產卵），而是在不築巢的情況下產卵。有時還會不定期產卵，兩次產卵之間存在間隔。

孵蛋經驗容易引起發情

無論是定數產卵或不定數產卵，雌鳥身體都會吸收未排卵的濾泡。某些案例中，產卵期間可以通過抑制發情來防止鳥寶產卵。

有一說認為，不定數產卵的鳥類是靠胸部和腹部的觸感，來辨識自己是否產下了一窩蛋，而非靠視覺來判斷。所以若飼主讓鳥寶孵假蛋，或許鳥寶會提前停止產卵。但這樣會導致鳥寶抑制發情的同時出現孵蛋反應（※2），孵假蛋的經驗可能會讓雌鳥感到環境很安全，導致孵蛋後更容易再度發情。

如果鳥寶有強烈的發情行為，與其透過孵假蛋抑制發情，我更建議使用荷爾蒙製劑進行化學去勢。

各類鳥種的產卵型態

《定數產卵的鳥類》	《不定數產卵的鳥類》
文鳥 （同為雀形目的家麻雀為定數產卵）	虎皮鸚鵡 （有的論文會歸類為定數產卵）
桃面愛情鸚鵡（＊）	玄鳳鸚鵡
黃領牡丹鸚鵡（＊）	日本鵪鶉
費沙氏情侶鸚鵡（＊）	雞
金絲雀	家鴨
鴿子	
紅額金翅雀（＊）	

標有＊的鳥類並未完全確定歸類於該區，詳細鳥種的產卵型態尚未通過研究闡明。

※1 一窩蛋：一次繁殖期間的產卵數量，數量因鳥種而異，一般來說為4～7顆蛋。

※2 孵蛋反應：鳥類的本能行為，看到蛋就會做出孵蛋動作。其他本能行為的反應包括，母鳥聽到雛鳥的叫聲就會照顧雛鳥，看到雛鳥的嘴就會餵食，當雄性靠近時，雌性的身子會向後仰，變為接受交配的姿勢等。

鳥體型愈小血壓愈高！

鳥類靜止時的收縮壓為90～250mmHg，而體型愈小血壓愈高。代表小型鳥更容易罹患心臟疾病。尤其是文鳥，很容易發生因老化引起血管彈性下降，導致血壓上升而帶來的老年性心臟疾病。為了預防心臟疾病，保持鳥寶的血管年齡相當重要。

藉由抑制活性氧化物（Reactive Oxygen Species, ROS），可以保持血管不老化，這點可從均衡飲食、適度運動、低壓力的生活方式和抑制雌性發情來有效抑制。

長壽的秘訣在於保胃

鳥類的胃分為腺胃（前胃）和肌胃（砂囊）兩部份。腺胃會分泌消化酶和胃酸；肌胃則幫助沒有牙齒的鳥類磨碎食物。鳥類長壽的秘訣是不讓肌胃的負擔過重，吃太多種子會增加肌胃的負荷，所以我建議使用不會對肌胃造成負擔的乾飼料。

透過臉部辨別同伴

虎皮鸚鵡能通過臉部區分同伴，臉部的顏色、圖案、虹膜顏色和瞳孔大小都是識別的依據。同理，虎皮鸚鵡或許也能辨別人臉。就拿牠們懂得觀察臉部顏色和眼睛這點來看，或許也能解讀觀看對象的身體狀況或情緒。

雌性的蠟膜會自然剝落

雌性虎皮鸚鵡的蠟膜會在雌激素的作用下角化、突起、變成褐色。通常雌性虎皮鸚鵡發情停止時蠟膜就會脫落，但根據體質的不同，某些情況下蠟膜無法自然剝落。如此一來，角化的蠟膜可能會持續推疊並堵住鼻孔，所以必須由飼主替鳥寶剝除。如果飼主無法保定鳥寶，請帶到醫院進行處理。

眼角開太大容易堆積分泌物

有些玄鳳鸚鵡的眼瞼裂較大（上下眼皮邊緣圍成的區域），如果眼瞼裂大於眼白，結膜就會暴露出來，當結膜變乾並受到刺激時，很容易因流淚使分泌物堆積在眼角。如果淚水導致眼睛周圍的羽毛變形並掉入眼睛中，流淚的情況將會惡化。這時可嘗試修剪鳥寶的羽毛來改善，而眼部若有分泌物就由飼主幫忙清除掉。

換羽期的呵欠

下圖是虎皮鸚鵡在喉嚨發癢不適時的打呵欠行為，飼主或許會擔心鳥寶是否身體不舒服，但這不是想吐的反應。造成鳥兒喉嚨發癢不適的最常見原因是，喉嚨沾到換羽過程中出現的白色或黑色粉末（羽鞘，參考第86頁）。如果鳥寶長時間出現喉嚨發癢打呵欠的行為，透過讓鳥寶喝水能有效改善症狀。

第4章

了解鳥類醫院常見疾病

愈多人了解鳥類醫院
和疾病的正確知識，
鳥寶的生活品質就會愈好。

辨別優良醫院的方法

很多人希望我提供推薦的醫院清單，但執行上相當困難。即使我知道某家醫院有哪位獸醫，卻不清楚該間醫院的診療方針、技術、設備和治療品德等實際狀況。我對自家醫院的醫師有某種程度上的了解，但其他醫院就完全不清楚了。不過，我可以教你如何辨別好醫院。

1.獸醫能夠說明病因、現狀、治療方針和預後預測。
2.醫院設備齊全，積極進行檢查且向飼主說明檢查結果。
3.診療中能安全地保定、抽取嗉囊液和抽血。

只要能滿足以上三點，我想這間醫院就能為鳥寶進行完善的診療。

挑選醫院，契合度也很重要

專治鳥類的醫院非常少，即使可行的範圍內有，也不一定是飼主心目中的好醫院，因為我認為醫院與飼主之間存在契合度的問題。而且就算醫院表示可以治療鳥類，也不代表所有醫院都有相同的醫療水準。雖然了解醫院的醫療策略、醫療水準，以及有什麼樣的設備，有助於飼主挑選醫院，但會提供相關資訊的醫院很少也是事實。下一頁會說明如何找出好醫院的三項要點。

判斷好醫院的3項要點

1 獸醫是否能提供完整說明

由於鳥醫院數量很少，所以經常人滿為患。結果導致部分醫院為了節省時間，獸醫不會向飼主做太多說明。當獸醫認為自己了解病情就足夠時，便不會向飼主說明檢查結果，甚至不會告知開立的藥物種類。這種情況絕不可能發生在治人的醫院。

獸醫是否能完整提供以下說明，飼主提問時是否能明確回答，都是判斷好醫院的關鍵。

獸醫應向飼主說明

- ☑鳥寶生病的原因，或是有什麼其他致病的可能性。
- ☑鳥寶目前的狀態。
- ☑根據檢查結果進行診斷，或推斷可能罹患的疾病。
- ☑提出治療方針並詳細說明。
- ☑推測預後可能發生的狀況。

2 醫院的設備是否齊全

獸醫診斷疾病時最常使用X光和超音波圖像。診斷成像設備的圖像品質愈高，價格也愈貴，所以從成像設備與圖像品質，很容易看出一家醫院的診療方針與檢查時追求的精密度。

目前的X光以數位化設備為主流，如果有哪間醫院符合以下項目，即可判斷該院無法妥善進行診斷。飼主是否有看到檢查的圖像，獸醫是否有針對圖像詳細解說，都是判斷好醫院的關鍵。

動物醫院不該出現的行為

- ☑使用傳統 X 光底片，而非數位 X 光片。
- ☑雖然使用數位 X 光片來診斷，但畫質非常模糊。
- ☑醫院沒有超音波診斷設備，或使用非常老舊的器材。
- ☑沒有給飼主看檢查的圖像。
- ☑沒有向飼主說明檢查的圖像。

③ 是否能安全地保定、抽取嗉囊液和抽血

從保定、抽取嗉囊液和抽血的流暢度，能輕易看出一位獸醫的技術好壞。

擁有獸醫執照，不等於擁有相關技能，這點在任何技術性職業都一樣。獸醫是否擅長保定，相信旁觀的飼主最清楚。如果獸醫的手指有許多被咬的傷口，或鳥寶在保定過程中變得狂暴，代表其技術有待加強。

只要操作正確，抽取嗉囊液和抽血並非危險行為。但如果獸醫說這是高風險行為，代表對方可能經驗尚淺。

不擅長抽血的獸醫，會避免血液檢查。即使是要盡早處理的病症，獸醫也會找理由搪塞，如等到體重下降或開始換羽時再檢查等。如果獸醫遲遲不做血液檢查，飼主最好考慮換一家醫院或徵詢第二意見（參考第116頁）。

橫濱小鳥醫院的診療方針

我的醫院——橫濱小鳥醫院的診療方針是EBM。EBM是「Evidence based medicine」的首字母縮寫，是1990年代在美國發起的一種醫學概念，並在日本廣泛傳播。EBM的目的是基於科學證據，並通過整合醫療專業人士的經驗和飼主的價值觀，提供更良好的醫療服務。

科學證據是指科學研究所揭示的證據，主要是學術期刊上發表的論文。許多關於家養鳥的論文也已經被發表，本醫院會導入這些論文，並以其為基礎提供醫療服務，所以本院的診療向來會納入最新的論文研究。

對獸醫來說，從大量病例中累積診療經驗相當重要，說臨床醫學就是以經驗為基礎也不誇張。要治療鳥兒，就必須了解不同鳥類、性別和年齡的罹病傾向。此外，適當的保定、抽取嗉囊液、抽血、成像診斷等也是必備技能。每位獸醫的閱歷不盡相同，所以會形成技巧純熟度的差異。但比起長年的經驗，正確地累積經驗更為重要。本院的團隊有許多獸醫，為了避免偏見和誤診發生，我們總是會互相討論病例。

最後，獸醫絕不能忘記尊重飼主的價值觀。本院會努力確保治療方針符合飼主的期望，詳細說明病況並提出治療方針，在飼主了解並同意後，盡力提供相應的醫療服務。

了解住院的優缺點

當鳥寶沒有食慾或就醫仍無法改善病況時，醫師可能會建議住院。但隨著病情發展，鳥寶可能會在住院期間死亡。飼主通常會相當糾結，儘管希望寵物康復，卻又希望發生萬一時能從旁看護。所以飼主必須認真聽取病況，並與獸醫和家人討論治療方針，以免發生任何遺憾。

與獸醫討論是否需要住院

當鳥寶就醫時，大多只要到門診治療即可。但是，如果鳥寶完全沒有食慾、發生嚴重呼吸困難和噁心，或者中毒、痙攣發作、外傷、便血和蛋阻症等症狀時，我建議最好住院治療。

鳥類的新陳代謝能力很強，不吃東西體重就會迅速下降。住院時可能會進行皮下輸液（類似人類的靜脈注射），並由獸醫強制餵食。通過抑制脱水和噁心，以及補充卡路里，便能提高治癒率。

另外，若鳥寶呼吸不順暢，可以透過安置在氧氣室，康復過程會輕鬆許多。

住院治療的缺點是，鳥寶可能會因為陌生的環境而有壓力。壓力程度取決於病情和個體差異，但有些鳥寶在長期住院後會變得憂鬱。而住院期間，若鳥寶的狀況突然惡化，飼主很可能無法臨終陪伴，這也是決定是否住院的考量之一。倘若飼主見不到最後一面，可能會留下後悔。如果鳥寶很難恢復健康，或病情急轉直下的可能性很高，飼主應與獸醫好好討論住院的必要性。

讓鳥寶做健康檢查

鳥類的簡易健康檢查包括身體檢查、嗉囊液檢查和糞便檢查，但能得到的訊息有限。所以一歲以上鳥寶若有需要及早發現的疾病，最好接受類似人類的全面性健康檢查，診斷其飲食和生活是否正常。健康檢查每年做2～3次，其中一次則安排綜合性的健檢。

先做一般性的健康檢查確認身體狀況

鳥類的健康檢查包括身體檢查、嗉囊液檢查和糞便檢查。身體檢查，包含對身體各部位的視診和觸診（參考左頁）。嗉囊液和糞便檢查，則以顯微鏡檢查微生物叢（參考第32頁）是否正常，是否存在真菌、寄生蟲和炎症細胞。

然而，通過這些檢查不代表健康狀況良好，即使鳥寶看起來相當健康，內部器官也可能很脆弱。為了及早發現隱藏疾病，也有必要接受X光檢查、血液檢查和基因檢測。

詳細檢查，能及早發現疾病

X光檢查，主要是確認骨骼和內臟的狀態。檢查骨骼狀態可以判斷雌鳥是否發情。還能確認腹腔內的脂肪量，及早發現結石、動脈硬化、腫瘤等症狀。

血液檢查，主要是檢查血糖、脂質、肝臟和腎臟功能。驗血除了能早期發現肝臟和腎臟疾病、糖尿病、高脂血症，也能檢查雌鳥發情對身體的影響。

基因檢測，主要是檢查是否存在傳染病。其中，家禽披衣菌症是人畜共通傳染病，所以建議讓鳥寶每年做一次基因檢測。

鳥類的健康檢查項目①

眼睛檢查

使用檢耳鏡或放大鏡以目視檢查眼睛是否有異常。

口腔檢查

使用檢耳鏡以目視檢查口腔是否有異常

體型檢查等

通過觸診檢查體型、體格和胸部肌肉的分布（身體狀況）。其他還會檢查嘴喙、腳爪、羽毛、尾脂腺，以及是否有皮下脂肪、拔毛和自咬的行為等。

心跳檢查

使用聽診器檢查心跳和呼吸聲。

鳥類的健康檢查項目②

糞便檢查

以目視檢查糞便、尿酸和尿液，並使用顯微鏡觀察糞便中的微生物叢是否正常，檢查澱粉或脂肪的消化狀態，以及糞便中是否存在真菌、寄生蟲和炎症細胞。

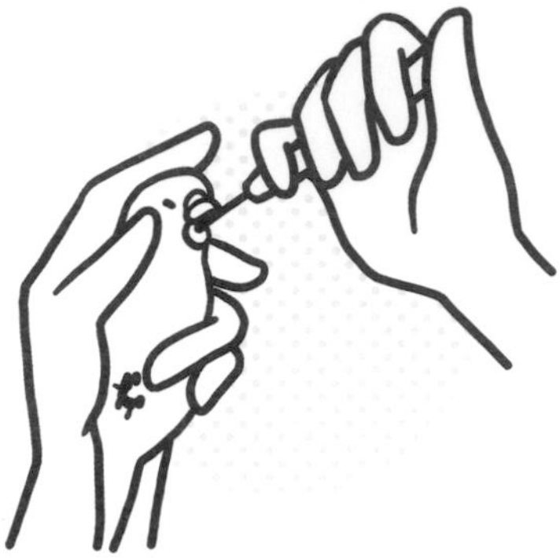

嗉囊液檢查

抽取嗉囊液並用顯微鏡檢查微生物叢（參考第32頁）是否正常，以及是否存在真菌、毛滴蟲和炎症細胞。

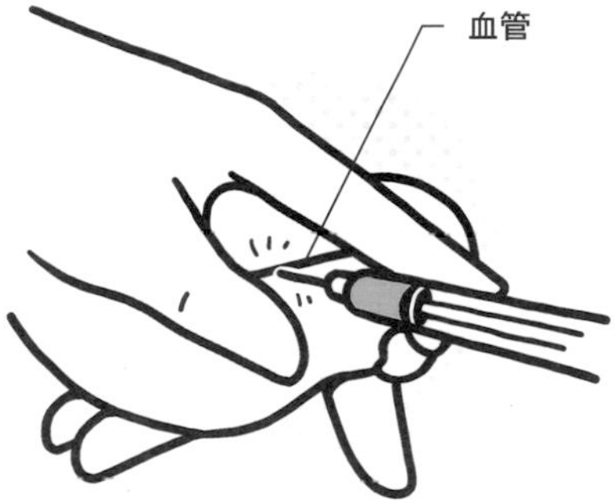

血液檢查

抽取血液，進行生化學檢查和血球數計算，驗血主要是檢查血糖、脂質、肝臟和腎臟功能。

X 光檢查

X光主要是檢查骨骼和內臟的狀態，檢查是否有髓質骨和骨骼異常，以及心臟、肺、氣囊、甲狀腺、胃、肝臟、腎臟和生殖器官的狀態。

去醫院時，外出籠中不要裝水

帶鳥寶去醫院時不要在外出籠中裝水，如果糞便被濺出的水弄濕，獸醫會很難檢查糞便。還有鳥寶也常因為腳和羽毛沾到水而體溫下降。但鳥寶去醫院時，大多會因為緊張而不喝水。如果前往醫院的時間較長，飼主擔心鳥寶飲水不足，可以在途中暫時將水放入籠內。

籠中的水若濺出，會影響糞便檢查

許多飼主會擔心去醫院就診時，如果籠內沒放水，鳥寶會口渴或脫水。但若在外出籠中放水，濺出的水可能會弄濕籠子底部，讓醫師難以根據糞便和尿液進行評估，或無法進行相關檢查。評估和檢查排泄物是非常重要的檢查項目，所以應避免讓水混入排泄物中。

另一方面，如果鳥寶的腳趾或羽毛沾到濺出的水，也會導致體溫下降，降低羽毛的保溫效果，加快體溫流失速度。對健康狀況不佳的鳥寶來說，體溫下降會成為病情惡化的導火線。所以建議用蔬菜或水果，作為補充水分的替代品。將浸濕的紙巾放在外出籠中的飲水器中也是不錯的方法。

如果飼主擔心前往醫院的路途太長，或鳥寶因病情需要大量飲水，不妨在途中停下，在鳥寶無法逃脫的地方暫時將水放入外出籠中，一喝完水就將水取出，繼續前往醫院。過程中不要忘記鳥寶逃脫的風險。

徵詢第二意見

如果飼主提出疑問，卻對院方的回答不甚滿意，這時請別猶豫，去徵詢第二意見吧。有良知的獸醫會介紹更專業的醫院，但如果飼主全權讓獸醫做決定，大多不會得到轉院的建議。想徵詢第二意見時，先從原本的醫院取得檢查結果和治療病歷是最好，但兩手空空其實也沒關係。

什麼是第二意見

第二意見（Second opinion），意指飼主向主治醫師以外的獸醫徵詢對疾病的看法。近年來，鳥類醫學取得了顯著的進展，有許多研究報告問世。

從前，鳥醫院的醫療水準皆不相上下；如今，每間醫院獲取資訊的方式、醫療技術、設備、經驗都有很大的差異。因而向不同醫院徵詢第二意見後，再選擇治療方法，是實現合理且高效醫療的必要手段。

當重要的愛鳥生病時，除了主治醫師的看法，飼主也應該積極地向其他獸醫徵詢意見。

第二意見的優點

第二意見的最大優點，就是讓飼主認可治療方針。假設主治醫師提出方案A來治療，而飼主徵詢的另一位獸醫也贊同方案A的話，飼主將產生「方案A應該沒錯」的認同感。在某些情況下，飼主也能透過第二意見得知其他治療方法，增加治療的選擇，讓鳥寶接受最新的檢查或手術。

徵詢第二意見之前

在徵詢第二意見之前，請飼主務必理解第一意見——主治醫師的觀點。不要光憑直覺或網路資訊來判斷主治醫師的治療方針是否有誤，如果飼主對說明有任何疑問，首先要清楚提出問題，了解主治醫師的觀點。如果在沒有理解第一意見的前提下徵詢第二意見，飼主將無法判斷哪種治療方針才是最好的。

另外，有些疾病需要經過一段時間才會看見療效，所以飼主可能會因為愛鳥沒有立即痊癒，而對主治醫師抱持懷疑的態度。但如果飼主有理解醫師的治療方法，照理是不會有這種問題的。

很遺憾的是，的確有些獸醫不會詳盡、真誠地回應飼主的提問。所以在徵詢第二意見之前，或許飼主要考慮是否要原醫院繼續就診。

如何徵詢第二意見

如果飼主已經決定好第二意見的醫院，請告知主治醫師該院的名稱。如果不清楚該找哪間醫院，不妨詢問主治醫師，他或許會做介紹。然後請向主治醫師索取介紹信和診療資訊，要是已做過X光或超音波檢查，飼主可以請醫院提供圖像檔案。不過，上述手續通常要另外收費。

準備好介紹信和診療資訊後，即可到另一家醫院徵詢第二意見。請飼主仔細聽取相關意見，再選擇要待在原醫院看診，或轉診至提供第二意見的醫院。

若飼主無法取得介紹信和診療資訊，或者想在不告訴主治醫師的前提下進行，請將上述情況告知欲徵詢第二意見的醫院。雖然鳥寶要再次進行檢查，但醫院將能根據最新的檢查結果做出診斷。

冬季外出時留意保暖

去醫院時途中，鳥寶可能因為保暖不足而著涼。冬天如果只用毛巾包裹外出籠會不夠保暖，不妨在外出籠放置暖暖包或熱水袋等熱源來保溫。就算車內有開暖氣，也要隨時注意溫度避免鳥寶失溫。

暖暖包是透過氧氣作用來發熱，只要不密封在狹小的空間就不會產生危險，許多飼主都會用來為鳥寶保暖。保持空氣流通，就不會造成缺氧。但如果是密閉式鳥籠，鳥寶也會因為呼吸累積二氧化碳，所以即使沒有暖暖包也很危險。

冬天光靠毛巾或毯子也很難徹底保暖

冬季的白天均溫會因地區而異，日本的關東地區約為攝氏5~12度。去醫院時，只用毛巾或毯子覆蓋外出籠，無法保持鳥籠內的溫暖。即使車內有開暖氣，也很難將車內溫度保持在30度，而且一下車會瞬間變冷。生病的鳥寶特別需要保暖，如果家中溫度保持在30度，但外出時未採取適當的保溫措施，鳥寶將因身體著涼，導致病情進一步惡化。

一定要在外出籠設置暖暖包或熱水袋等熱源

我建議使用一次性暖暖包、充電式暖暖包或熱水袋，來為外出籠保暖。而熱水袋又分成倒入熱水型和凝膠型兩種。

一次性暖暖包是靠吸收水分和氧氣來產生熱量，若將外出籠提袋密封起來，會造成提袋內缺氧。飼主在使用暖暖包和熱水袋時，要根據各自的特性小心使用。請仔細閱讀以下注意事項，在去醫院的途中做好徹底的保溫措施。

一次性暖暖包

●務必將暖暖包貼在外出籠（小型籠子）或塑膠箱的外側，或包捆起來。而且不要完全密封，稍微打開留點縫隙。如果提袋為密閉狀態，暖暖包會消耗袋內的氧氣，導致鳥寶缺氧。

●勿將暖暖包貼滿外出籠或外出籠提袋的底部，這樣對鳥類來說太熱了，而且無處可逃。

熱水袋

●如右圖所示，將熱水袋放在外出籠（小籠子）或塑膠箱的外側側邊，即可提供簡單的保暖效果。

●熱水袋會逐漸失溫，所以如果去醫院就診的時間較長，則需要更換熱水，飼主可以向醫院索取熱水進行替換。

●凝膠型熱水袋可透過微波爐重新加熱，醫院也比較容易幫忙。但多數的袋狀凝膠型熱水袋呈現袋狀，很容易被鳥寶啃咬，所以要留意鳥寶從籠內縫隙伸出嘴喙啃咬，飼主不妨用毛巾包裹熱水袋來防止啃咬。

外出籠提袋

●建議使用保濕性高，內側有鋁加工，可保溫保冷的外出籠。

膨羽可能是生病的象徵

鳥兒午睡時可能會膨羽，並將鳥喙或一隻腳藏在羽毛中。這是為了保持體溫，但鳥寶身體不舒服時也會這麼做。所以每天為鳥寶做健康檢查其實很重要，建議飼主每天早上檢查鳥寶的體重、食慾、排泄物和溫度，可以早期發現疾病，也定期去做健康檢查。

鳥類在體溫下降時會膨羽，但感到疼痛或不舒服時，即使身體相當溫暖，也不會停止膨羽。如果飼主不確定是否要為鳥寶提供更保暖的措施，可以將鳥寶放在手上確認腳趾的溫度。如果腳趾是冷的，就需要提供更加保暖的措施。如果腳趾是溫暖的，就不需要進一步的保暖。

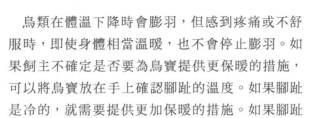

鳥寶平常也會膨羽

鳥兒入睡時會有鼓起羽毛的「膨羽」行為，這是為了避免體溫下降，即使天氣不冷也會照做。還有，睡覺時將鳥喙藏在背部羽毛的「背眠」行為也很常見，因為鳥類喙部有許多毛細血管，具有散熱的作用，所以才會在入睡時把嘴喙藏在羽毛裡，避免體溫流失。鳥類將一隻腳藏在羽毛的行為，也是為了保持體溫。

如何分辨身體不適的膨羽

當鳥寶生病、體溫過低或感到疼痛時，會出現膨羽或背眠行為。若是白天一直保持膨羽或背眠的狀態，可能是感到不舒服或疼痛，而腳趾的溫度是辨別的關鍵。腳趾溫暖的溫度約為攝氏30～32度，如果將鳥寶放在手上或手指上時，發現腳趾低於溫暖的標準，要立刻進行保暖。但如果腳趾變得溫暖，卻持續膨羽的話，很有可能是感到疼痛，請盡快到醫院就醫。

為了維持身體健康 每日的健康檢查不可少

平日的健康檢查有助於早期發現疾病，每天檢查鳥寶的飲食量、糞便量、糞便狀態、體重、活動量、有無發情、有無換羽，將有助於及早發現任何異常的徵兆。此外，也要注意鳥寶生病時的膨羽和背眠行為。

每天都要做！

健康檢查

- ☐飲食是否正常
- ☐糞便量或狀態是否有任何變化
- ☐體重是否有明顯變化
- ☐活動量（出籠活動時的動作，例如飛翔、玩耍等）是否有任何異常
- ☐是否有發情
- ☐是否正在換羽

中暑

夏天總會遇到因中暑來看診的鳥寶。中暑的元兇不一定來自室溫，也可能是驟升的氣溫讓鳥寶因不適應而觸發。例如，空調在晚上定時關機，或飼主出門時關掉冷氣，都可能導致鳥寶中暑。當中暑程度達到等級三時，醫生往往也無能為力，這點還請飼主特別注意。

鳥寶的脫水狀況可以從腳部來判斷。與健康的玄鳳鸚鵡相比，腎功能下降的玄鳳鸚鵡腳部，會因為脫水變成暗紅色。鳥類脫水跟多尿和血流量減少有關，原因包括腎功能衰竭、糖尿病、金屬中毒、敗血症、突發性食慾不振、中暑、體溫過低等，需要立即進行補液和治療。

鳥類不耐高溫

雖然許多寵物鳥的同種野生鳥能活在溫度超過攝氏30度的地區，但這不代表寵物鳥也耐高溫。以野生鳥來說，如果四周環境陰涼通風，攝氏30度以上也能生存，而熱帶驟雨也有助於降低體溫。但寵物鳥大多活在通風不佳、夏季容易積聚濕氣的室內，所以即使感到炎熱也無處可逃，如果來不及散熱、調節體溫時就會中暑。

中暑分三階段

中暑依照嚴重程度可分為三類。

等級一為輕度中暑，這時鳥兒會張開雙翅讓腋下通風，呼吸變深且頻率增加，可觀察到張嘴呼吸和持續呼吸急促的現象。鳥類呼出的氣體中包含水分，並且會藉著蒸發水分來散熱，如果呼吸急促的現象持續，將引起脫水。

等級二為中度中暑，鳥兒的體溫會上升，因脫水降低循環血量，而導致血壓下降。這時鳥寶會閉上眼睛，一動也不動。其他症狀包含嘔吐和食慾不振。

等級三為重度中暑，脫水情況會惡化到讓血液循環發生障礙，進一步引發多重器官衰竭。身體的體溫調節中樞因高溫而受損，使體溫變得更高。體型較小的鳥類一旦發生重度中暑，大多無法存活。

如果只有鳥寶待在家中，即使家裡沒人也要開空調

家中中暑的案例，幾乎是晚上空調關機後太熱所造成。另外，飼主白天沒注意到氣溫上升，關掉空調後外出造成的中暑也很常見。只吹電風扇散熱或短時間暴露在強烈直射陽光下，都可能導致鳥寶中暑。換句話說，大多是飼主觀念不足或粗心造成的，所以必須小心控制溫度。但正如第26頁所述，讓鳥類保持自身的體內平衡也很重要，雖然飼主不在家時應打開空調，但回到家後也要多多留意觀察，避免鳥寶吹冷氣著涼。

關於中暑

〔治療〕

由於鳥類無法像人類一樣持續打點滴，所以要用皮下輸液來改善脫水狀況。嚴重脫水的話，可通過頸靜脈進行輸液。

〔診斷〕

聽取發病的情況，根據鳥寶的發熱程度，腳趾和嘴喙的溫度，以及是否有脫水現象進行診斷。

〔居家急救措施〕

- 利用空調的風冷卻鳥寶的身體，當鳥寶停止張嘴呼吸後，就關掉空調，讓鳥寶待在涼爽的房內。
- 如果鳥寶出現脫水症狀，請帶到醫院就診。期間可給予口服補液鹽（大塚製藥的**OS-1**），體型較小的鳥兒，每30分鐘至1小時給予一次口服補液鹽，一次餵十滴左右。

疾病

鼻炎、鼻竇炎

鳥類的鼻炎和鼻竇炎一旦惡化，將變得難以根治。如果長期使用抗生素，可能導致耐藥性細菌增殖，或引發菌群交替症造成真菌增殖。為了檢查起炎菌，獸醫必須使用鼻腔清洗液進行細菌藥物敏感性測試，並用顯微鏡檢查是否存在真菌。如果鳥兒的鼻子被堵住，沖洗鼻腔能有效改善症狀。

引發鼻炎和鼻竇炎的原因包括細菌、真菌和披衣菌等。橫斑鸚鵡經常發生難治性鼻炎，如果時間拖久了，會引發鼻腔內壞死和鼻孔變形。鼻腔壞死可能使蓋板消失、鼻孔變大。這種情況下，必須定期清理鼻腔內的壞死組織和鼻屎。

找出引發鼻炎的細菌

鼻炎和鼻竇炎，屬於鳥類的常見疾病。鼻炎來自鼻腔內的感染；鼻竇炎則是鼻竇受到感染。人類的鼻炎和鼻竇炎多由病毒感染引起，但鳥類大多是由細菌、真菌、黴漿菌和披衣菌所引發，很少來自病毒。如果感染時間拉長，膿液會在鼻竇中積聚，導致面部腫脹和鼻腔內壞死，有時將變得難以治癒。難治性鼻炎在橫斑鸚鵡中相當常見，所以若治療後未見好轉，應於早期階段調查起炎菌。採取起炎菌時，要先用生理食鹽水清洗鼻腔，並採取清洗後的液體送至實驗室。實驗室會用細菌培養進行藥物敏感性測試，以確定哪種抗生素會起作用，找出特定的抗生素。為了進一步檢查是否有真菌，也會用顯微鏡觀察清洗液。而清洗液也能用來檢測基因，檢查是否存在黴漿菌和披衣菌。

沖洗鼻腔能改善症狀

當口服藥無法改善症狀或鼻腔堵塞時，可以進行鼻腔沖洗。在生理食鹽水中添加抗生素和抗真菌劑後，清洗鳥兒的鼻腔（下圖）。

清洗鼻腔時，醫師會將一種稱為探頭的細管狀醫療設備，連接至注射器尖端，並施加壓力，將清洗液注入鼻孔，清洗液會通過鼻後孔從嘴巴流出。殘留在鼻腔內的清洗液則用抽吸裝置吸出。

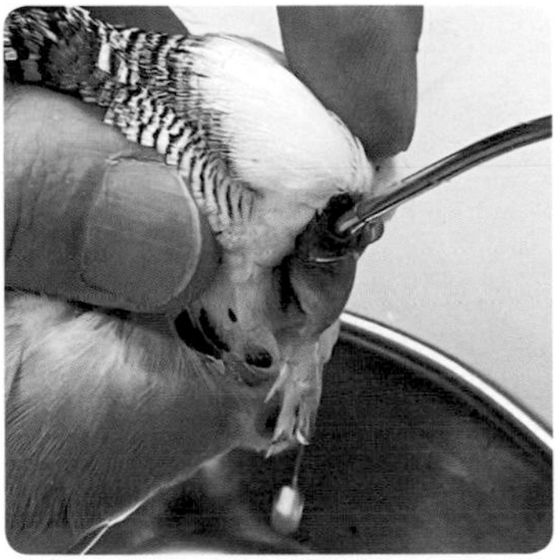

接受鼻腔清洗的虎皮鸚鵡。清洗液是從鼻孔注入、由嘴排出，過程中要注意別讓鳥兒誤吞清洗液。

關於鼻炎和鼻竇炎

〔症狀〕

- ●鼻炎：打噴嚏、流鼻水、鼻塞、結膜炎（經由鼻淚管感染眼睛）。
- ●鼻竇炎：臉頰腫脹、眼睛突出（重症時）。

〔診斷〕

根據病徵進行診斷。病原體要透過顯微鏡觀察、培養檢查和基因測試來尋找。

〔治療〕

- ●使用抗生素（由細菌、披衣菌和黴漿菌引起的情況）。
- ●使用抗真菌劑（由真菌引起的情況）。

巨大菌感染

巨大菌感染經治療後，不再隨糞便排出巨大菌便代表已經痊癒。但偶爾會在1～2年後復發，而且復發前不會出現症狀，糞便檢查也呈現陰性。這種情況算是潛伏性感染，需要飼主多加留意。如果愛鳥曾有過巨大菌感染，建議每年進行三次左右的健康檢查。

巨大菌會感染胃部，治療方式是口服兩性黴素B，但這種藥物很難從腸道吸收，唯有通過胃部時才有效。每天直接餵藥兩次，但餵藥之間的空檔不會產生藥效，所以本院建議通過飲水來給藥。

虎皮鸚鵡雛鳥的常見疾病

鳥類的巨大菌感染是由一種名為Macrorhabdus ornithogaster的酵母（真菌）引起的傳染病，由於會感染鳥類胃部，所以又稱作禽胃酵母（AGY，Avian Gastric Yeast）。受感染的親鳥或同居鳥排泄的糞便中含有巨大菌，其他鳥兒在誤食後受到感染。此項疾病在虎皮鸚鵡中相當普遍，尤其好發於雛鳥身上。

但會受感染的鳥種很多，例如桃面愛情鸚鵡、牡丹鸚鵡、玄鳳鸚鵡、太平洋鸚鵡等鸚鵡類，以及文鳥、斑胸草雀、金絲雀等雀科鳥類。

如果早期發現幾乎能治癒，但如果太晚發現，可能會惡化到胃腸道症狀難以治療的程度。有許多病例都是由慢性胃炎演變為胃部腫瘤，所以當飼主迎接雛鳥時，建議盡快接受健康檢查。

仔細檢查是否完全痊癒

經過藥物治療後，當鳥寶糞便中不再驗出巨大菌，即代表痊癒。但巨大菌感染有時會在1～2年後復發。而且復發之前毫無徵兆，糞便檢查也呈現陰性，這種情況為潛伏性感染，需要飼主多加留意。

一旦發現巨大菌感染，建議每年進行三次左右的健康檢查。透過糞便的基因檢測能有效發現潛伏性感染。單靠糞便檢查也檢驗不出來的極少量巨大菌，基因檢測卻能驗出巨大菌的基因（DNA）。

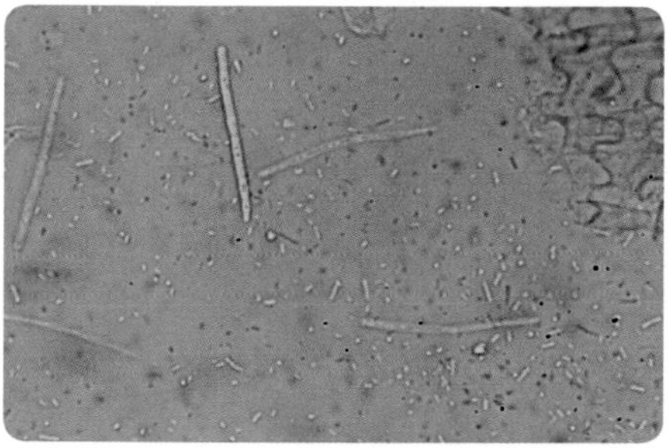

巨大菌的顯微照片。

關於巨大菌感染

〔症狀〕

嘔吐、食慾不振、糞便中含有未磨碎的穀物、軟便、腹瀉和黑便等。

〔診斷〕

用顯微鏡檢查糞便。但糞便中的巨大菌數量與症狀嚴重程度，不一定成正比。

〔治療〕

- 口服兩性黴素B。由於投藥間過短會提高復發率，所以應持續4～6週。
- 兩性黴素B很難被腸道吸收，只有通過胃部時才有效，故建議透過飲水給藥。若是難治性巨大菌感染，每天兩次口服兩性黴素B的效果不大，因為單一用藥無法殺死侵入黏膜內的巨大菌，所以還要合併口服抗真菌劑伊曲康唑（Itraconazole）或抗黴菌劑伏立康唑（Voriconazole）。
- 難治性或症狀嚴重的情況下，須注射米卡芬淨鈉（Micafungin Sodium）。

疾病

滴蟲症

左頁圖是在虎皮鸚鵡的嗉囊中驗出的毛滴蟲。毛滴蟲是用波動膜和鞭毛來移動，最常發生在虎皮鸚鵡和文鳥的雛鳥身上。滴蟲症會引起嗉囊炎，一旦發現必須快速著手驅蟲。如果飼主要迎接新雛鳥，請盡早帶去做健康檢查。

2018年以來，虎皮鸚鵡的滴蟲症感染率不斷上升。病情嚴重時會引起嗉囊穿孔導致皮下膿腫。傳播的途徑有許多種，例如患有滴蟲症的親鳥感染雛鳥，或飼主在餵食雛鳥時，將器具和飼料與罹病的雛鳥共用。

滴蟲症容易感染嗉囊，是常見於雛鳥的傳染病

毛滴蟲（Trichomonas gallinae）被歸類為原生動物的寄生蟲，會感染燕雀、鸚鵡、鴿子、火雞、雞、日本鵪鶉、猛禽類等。在寵物鳥中，虎皮鸚鵡、玄鳳鸚鵡、文鳥經常被感染。因為鳥類與人類生殖器和尿道的陰道滴蟲並不同種，所以並非人畜共通傳染病。

毛滴蟲會寄生在嗉囊中，在親鳥餵食雛鳥時傳播。成鳥共用一個水容器，或猛禽類捕食患有滴蟲症的鳥類，皆會受到感染。而寵物店讓多隻鳥兒共用相同的餵食器，也可能造成人為感染。

儘管鳥類的食道和嗉囊能抵抗細菌和真菌的感染（參考第98頁），但毛滴蟲還是會引起食道炎或嗉囊炎。不過，並非所有鳥類感染後都會發生食道炎和嗉囊炎，有些染病的個體不會發病，但會成為其他鳥類的感染源。這種情況下，對毛滴蟲具有高敏感度的個體將會發病。

食道炎或嗉囊炎會讓鳥寶出現食慾不振、嘔吐、口腔粘液增多等症狀，如果發展為重症，可能會出現食道穿孔或嗉囊穿孔，造成皮下膿腫。其中食道穿孔的案例特別常見，鳥兒的頸部會形成一個巨大的膿腫，導致食物無法通過。

毛滴蟲也可能誤入鼻竇和肺部，引起鼻竇炎和肺炎。

醫師診斷時會抽取嗉囊液或採取口腔粘液，用顯微鏡檢查是否存在毛滴蟲。治療時會使用甲硝唑（Metronidazole）。如果形成膿腫，則要合併使用抗生素。

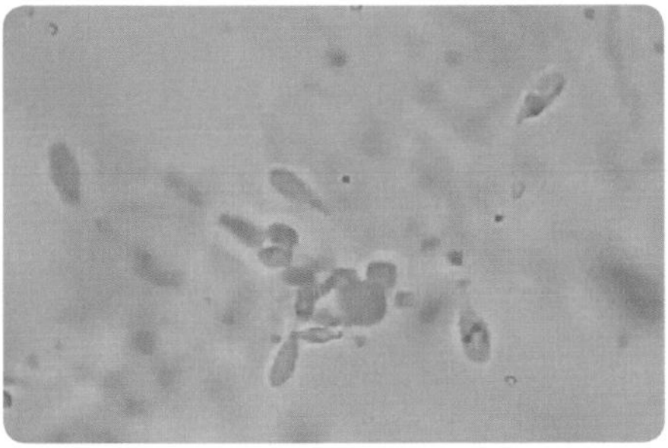

毛滴蟲的顯微照片。

關於滴蟲症

〔症狀〕

因食道炎和嗉囊炎導致食慾不振、嘔吐和口腔黏膜增加。如果發生食道或嗉囊穿孔，則會形成皮下膿腫。有時還可能引發鼻竇炎和肺炎。

〔診斷〕

以顯微鏡檢查嗉囊液或口腔粘液，確認是否存在毛滴蟲。

〔治療〕

使用甲硝唑進行治療，如果形成皮下膿腫，則要給予抗生素。

隱孢子蟲症

即使鳥類感染隱孢子蟲後無症狀，胃部仍會逐漸受到損害，在X光檢查中經常發現胃部腫脹的狀況。桃面愛情鸚鵡就算沒有感染隱孢子蟲，也時常因為壓力讓胃部發生問題，飼主要多加注意。

隱孢子蟲症多由寄生蟲引起，好發於桃面愛情鸚鵡

隱胞子蟲（Cryptosporidium spp.）是歸類為原生動物的寄生蟲，會感染胃部。主要寄生於桃面愛情鸚鵡，其次為玄鳳鸚鵡、太平洋鸚鵡、橫斑鸚鵡等。發病後，鳥兒會隨著胃部逐漸惡化，出現慢性噁心和嘔吐的症狀。通常會在早上發病，鳥兒會吐出黏稠的液體，且食慾下降、逐漸衰弱。如果誤嚥嘔吐物，可能會導致肺炎。

診斷時，會用蔗糖溶液漂浮法檢查糞便，確認是否存在隱孢子蟲。X光檢查中，胃部中間區（腺胃和肌胃之間）經常會出現擴張。

隱孢子蟲會出現在人類和許多動物身上，有效的驅蟲藥物尚未面市。對人類可能有效的藥劑包括硝唑尼特（Nitazoxanide）和巴龍黴素（Paromomycin），但用在鳥類身上，不但很難達到驅蟲效果，反而還會導致嘔吐症狀惡化，所以本院治療時會避免使用上述藥物，大多以觀察病情的進展，來採取對症治療。桃面愛情鸚鵡身上常見重症案例，症狀為強烈噁心、身體虛弱，經常只靠最低限度的飲食生存，有時甚至得與疾病纏鬥多年。

疾病

前胃擴張症（PDD）

禽類波納病毒（ABV：Avian Bornavirus）是一種會引起前胃擴張症（PDD：Proventricular Dilatation Disease）的傳染病毒，一旦被感染就很難治癒。即使飼養前的檢查結果為陰性，但僅僅檢查一次也無法保證鳥兒沒感染波納病毒。目前預防感染的唯一方法，是跟有良好檢測和衛生條件的店家購買鳥兒。

難以治療的前胃感染

前胃擴張症（PDD）是由禽類波納病毒引起的傳染病，多見於鸚鵡類。根據研究，非洲灰鸚鵡、白鳳頭鸚鵡、金剛鸚鵡、折衷鸚鵡特別容易被感染。其症狀往往到了晚期才會出現，這時前胃通常已經明顯擴張，造成食物無法順利通過與排便量減少。有時還會出現腳部麻痺或痙攣發作等症狀。

診斷時，獸醫會以X光檢查前胃的擴張狀況，特徵為血液檢查的CPK值（※）升高。雖然可以用糞便樣本做基因檢測，但病毒卻不一定會排出體外。這種病毒可能需要多次檢查後才會被驗出來，所以即使檢查結果為陰性，一旦鳥兒出現症狀，就有受到感染的可能性。

由於很難完全治癒，大多只能採取對症治療並觀察病情進展。治療時會用非類固醇消炎藥抑制神經節炎，以及胃黏膜保護劑、胃腸功能調整劑等。有時給予干擾素也能緩解症狀。如果鳥兒能夠進食，則可以用PDD專用處方飼料（柔迪布殊的Formula APD）。

※CPK值：磷酸肌酸激酶，罹患神經肌肉疾病時CPK值會升高。

慢性阻塞性肺病

吸入其他鳥類的脂粉可能會引起慢性阻塞性肺病（COPD），這是一種肺部纖維化引起呼吸困難的疾病。同時飼養藍黃金剛鸚鵡、非洲灰鸚鵡、白鳳頭鸚鵡時，經常會發生慢性阻塞性肺病，這個疾病也會發生在其他鳥類身上，所以飼養脂粉較多的鳥類時要特別小心。

如果飼主將不同鳥種的鳥寶養在同一個房間，就很容易出現慢性咳嗽或打噴嚏等症狀。如果有鳥寶理毛後打噴嚏，就要多加注意了。飼主可以用空氣清新機，減少鳥寶接觸脂粉的機會。此外，菸味也可能引起慢性阻塞性肺病。

由其他鳥種的脂粉或菸霧引起的氣管疾病

鳥類身上的慢性阻塞性肺病（COPD：Chronic Obstructive Pulmonary Disease）是一種肺部的炎症性疾病，是由長期吸入其他鳥類的脂粉、香菸煙霧、線香煙霧所引起。從前被認定為過敏性疾病，但目前沒有相關證據。

初期症狀為慢性鼻炎導致的鼻孔周圍發紅、鼻腔阻塞。肺部支氣管發炎將導致慢性咳嗽和打噴嚏，支氣管變得更狹窄後，會減少體內的空氣流動。最終導致肺部纖維化和硬化，到了這個階段，即使只是稍微活動身體也會出現呼吸急促、呼吸困難等症狀。

藍黃金剛鸚鵡最常發生脂粉引起的慢性阻塞性肺病（包括海外數據），比起小型鳥類，更常發生在大型鸚鵡身上。另一方面，任何鳥類都可能因香煙或線香煙霧引發慢性阻塞性肺病。而且一旦發病，就很難完全治癒。

治療方法包括使用支氣管擴張劑，擴張支氣管來改善空氣流動，如果症狀嚴重時將併用類固醇。

日常生活的預防法

為了預防染病，飼主應避免在相同房間中混養多種鳥類。不僅脂粉較多的不同種鳥類要分開飼養，也要避免同時混養脂粉較多和脂粉較少的鳥類。但是，如果是脂粉較多但屬於同一品種，就能一起飼養。基本上，建議一個空間只飼養同一品種的鳥類。

鳥寶所在的房間要常常換氣，保持良好的空氣流動，對預防會很有幫助，也建議飼主為了鳥寶安裝空氣清新機。

壓克力製或用壓克力板覆蓋鳥籠，雖然能防止脂粉擴散，但也很容易阻礙空氣流通。即使能預防脂粉影響其他鳥寶，卻也可能讓鳥寶大量吸入自己的脂粉，所以不建議將脂粉較多的鳥寶飼養在密閉的鳥籠中。

關於慢性阻塞性肺病

〔症狀〕

初期症狀為鼻塞和鼻孔腫脹，當肺部發生纖維化時，會出現呼吸急促和呼吸困難等症狀。

〔治療〕

由於無法完全治癒，所以要用類固醇和支氣管擴張劑進行維持性治療。如果治療無效，呼吸困難的症狀將會惡化，並導致死亡。

〔診斷〕

- 以X光診斷肺炎圖像，有時肺炎圖像可能會不清楚。
- 如果血液檢查顯示白血球總數增加，則為感染性肺炎，而非COPD。也有必要與心臟疾病做鑑別診斷。

心臟疾病

鳥類也有心臟疾病，常見的原因為老化，但也可能來自肥胖，或雌鳥發情引發高脂血症後，導致高血壓和動脈硬化，最後引起心臟疾病。初期症狀包括鳥兒發出輕微的噗噗呼吸聲、血液顏色變深、運動後呼吸粗重。如果病情惡化，鳥兒將會張嘴呼吸、發出濕潤的呼吸聲、休息時呼吸急促和產生腹水等。

血壓升高會擴大心臟的陰影，所以會以X光進行檢查。下方的X光片為一隻心臟擴大的文鳥，右圖為五歲時的圖像，左圖為八歲時的圖像。如果平時做健檢就有拍X光，必要時就能進行比較。由於鳥類無法做心電圖檢查，所以很難診斷心臟病的類型。

根據箭頭寬度，
判斷心臟是否擴大

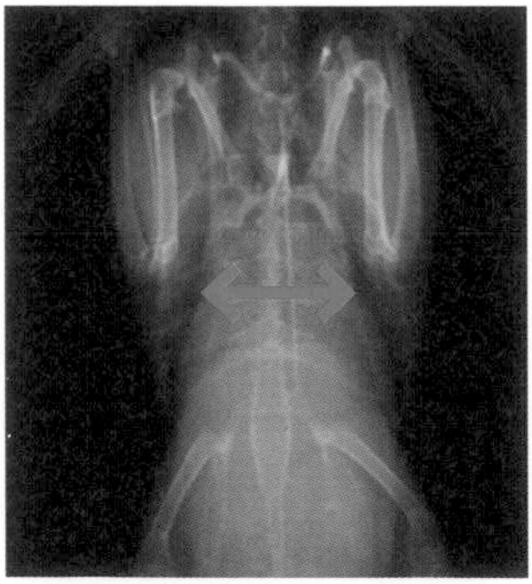

〈心臟擴大的文鳥〉

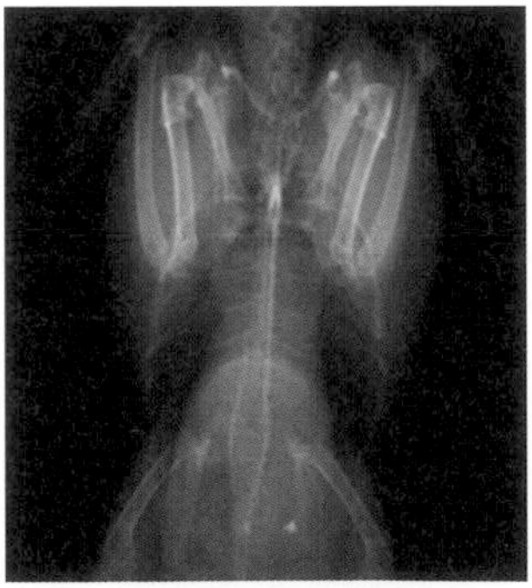

〈正常文鳥的X光片〉

各種屬於心臟病範疇的疾病

鳥類的心臟疾病包括先天性疾病、動脈粥樣硬化、鬱血性心衰竭、心內膜疾病、心外膜和心包疾病、心肌症、腫瘤等。與人類不同的是，鳥類很難診斷出詳細的疾病名稱，所以與心臟有關的疾病統稱為心臟疾病。

獸醫主要是透過X光來診斷，但能得到的結果相當有限。雖然X光可以診斷心臟陰影的大小、是否存在動脈硬化和肺水腫，卻無法診斷出詳細狀況。若想深入了解，需要進行心電圖和心臟超音波檢查。但這些檢查必須使用鎮靜劑或麻醉，來讓鳥兒固定不動。

雖然這些檢查都有相關的學術論文支持，但如果為疑似罹患心臟疾病的鳥類進行鎮靜或麻醉，有可能導致身體狀況突然惡化，所以以這種作法不切實際。有鑒於此，要是懷疑鳥寶有心臟疾病，首先應以藥物來治療，如果症狀有所改善，就能判斷為心臟疾病。

治療心臟疾病時會用ACE抑制劑（抗高血壓藥物）、心臟衰竭治療藥物、冠狀動脈擴張劑、利尿劑（增加尿量、減少循環血量和降低血壓）等。如果心臟病的原因為肥胖或雌鳥發情導致的高脂血症，則可以進行飲食限制或使用荷爾蒙製劑抑制發情。

因心臟疾病導致喙部血色不佳的文鳥。

關於心臟疾病

〔症狀〕

初期症狀為發出輕微的噗噗呼吸聲和呼吸急促，隨著病情惡化，鳥兒即使休息時呼吸也會加快，並出現紫紺。如果腹水累積將造成腹部脹大。

〔治療〕

使用ACE抑制劑（抗高血壓藥物）、心臟衰竭治療藥物、冠狀動脈擴張劑、利尿劑等。如果病因為肥胖或雌鳥發情導致的高脂血症，則可進行飲食限制或荷爾蒙製劑抑制發情。

〔診斷〕

如果X光片顯示心臟陰影擴大或肺水腫，即可做初步診斷。如果腹部脹大，可進行超音波檢查，確認是否有腹水，與是否因肝臟擴大而導致血壓升高。如果鳥兒對心臟疾病的治療有產生反應，則可診斷為心臟疾病。

睪丸腫瘤①

有一說認為，虎皮鸚鵡罹患睪丸腫瘤的原因，在於雄性虎皮鸚鵡總是在發情，讓睪丸經常處於活躍狀態，使睪丸溫度提升形成腫瘤。但這項說法沒有科學依據。出處來自狗的隱睪容易發生睪丸癌的論述，而隱睪是指睪丸沒有下降到陰囊內，反而停留在腹腔或腹股溝內的疾病。

所以才有人認為，睪丸處在高溫環境下容易引發睪丸癌。然而，鳥類為了冷卻睪丸，其隱睪是與氣囊相鄰。即使鳥類處於發情狀態，也不代表睪丸總是暴露在高溫環境下。大多數家養雄鳥即使發情，也不會出現睪丸腫瘤的症狀，只有虎皮鸚鵡會在年輕時就罹患睪丸腫瘤。

根據以上情況，我認為虎皮鸚鵡的睪丸腫瘤很有可能是遺傳性的，而非飼主的飼養方式不恰當。當鳥寶的蠟膜顏色變淺或變暗時，很有可能罹患了睪丸腫瘤。如果趁鳥兒還很小的時候動手術，很有可能完全治癒。

睪丸腫瘤的起因跟體溫高低無關

由於適合精子生長的溫度比體溫還低，所以睪丸的溫度必須保持低於體溫。多數哺乳動物的陰囊都位於體外，讓睪丸散熱並產生精子。鳥類是體溫很高的動物，但如果睪丸位於體外，將不利於飛行。因此，鳥類的睪丸與哺乳動物不同，是位於腹部內而非體外。

儘管鳥類的睪丸位於腹腔內，但因為睪丸與後胸氣囊和腹氣囊相鄰，故能藉由呼吸的空氣氣流進行冷卻。

有一種説認為，睪丸腫瘤的成因是來自睪丸被體溫加熱，但這項説法沒有科學依據。鳥類的睪丸位於腹腔，如果只是被體溫加熱就會產生腫瘤的話，許多雄鳥都會罹患睪丸腫瘤。

然而，睪丸腫瘤只出現在年輕的虎皮鸚鵡身上。大多數家養的雄性虎皮鸚鵡處於慢性發情狀態，即使換羽期間睪丸也會很活躍。

若比較發情與不發情的虎皮鸚鵡，前者罹患睪丸腫瘤的風險或許比較高。不過，有些虎皮鸚鵡即使持續發情，也不會罹病。

從上述情況研判，睪丸腫瘤是虎皮鸚鵡的常見疾病，而且可能有遺傳因素影響。

雄性虎皮鸚鵡罹患睪丸腫瘤的機率很高

有些飼主相信鳥寶罹患睪丸腫瘤與發情有關，有些人甚至會因此自責，認為「原因出在自己的飼養方式不當」。但是，如同前述，飼主很難透過改善環境和生活方式，來阻止雄性虎皮鸚鵡發情。

在準備飼養之前，飼主必須了解雄性虎皮鸚鵡本來罹患睪丸腫瘤的機率就很高。如果飼主明白這一點，那麼當那一刻來臨時，便能及早做好心理準備。所以在飼養雄性虎皮鸚鵡前，請仔細考慮自己對這項事實的接受程度。

睪丸腫瘤②

如果雄性虎皮鸚鵡的蠟膜顏色暗沉或呈現暗褐色，罹患睪丸腫瘤的可能性很高。即使X光檢查沒看見鳥兒的睪丸變大，但很多時候其實早已長出腫瘤了。如果考慮動手術，建議趁睪丸還小的時候動手術切除。

雄鳥的蠟模顏色的變化是睪丸腫瘤的徵兆

虎皮鸚鵡的睪丸腫瘤有三種類型。其中，支持細胞瘤（Sertoli cell tumor）的腫瘤會分泌雌激素（女性荷爾蒙），這是由睪酮（雄性荷爾蒙）的一種酶（芳香化酶）所轉化而來。蠟膜的顏色則會因荷爾蒙的影響而變化，雄性的蠟膜原為藍色或粉紅色，在受到雌激素影響後，會變得暗沉或呈現暗褐色。所以，蠟膜顏色的變化是睪丸腫瘤的指標症狀，若有異狀應盡快就醫。

但是，當罹患支持細胞瘤以外的睪丸腫瘤時，蠟膜的顏色不會產生變化，故定期接受X光檢查，能及早發現病灶。

透過髓質骨診斷睪丸腫瘤

作為女性荷爾蒙的雌激素，具有指揮骨骼儲存鈣質的作用。罹患睪丸腫瘤的虎皮鸚鵡，發病時首先會在肱骨和前臂骨出現稱做「髓質骨」的鈣化現象。髓質骨的作用是儲存鈣以供雌性形成卵，但如果持續存在體內，全身的骨骼就會發生鈣化現象。因此，睪丸腫瘤是以

X光進行診斷。有些醫院若在X光片中，看見睪丸大小等於或略小於發情時的睪丸，便難以判定是否罹病。然而，睪丸腫瘤的診斷關鍵是髓質骨，一旦發現髓質骨，即使睪丸沒變大，也有可能已經罹患睪丸腫瘤。

手術能有效治療睪丸腫瘤

手術切除是根治睪丸腫瘤的唯一方法。本院有進行切除睪丸腫瘤的手術，儘管手術的難度和風險相當高，但如果趁睪丸還小的時候進行，將能提高生存率。要是等到變大了才動手術，存活率會明顯下降。如果飼主希望鳥寶動手術，請盡早諮詢獸醫。如果不希望動手術，可讓鳥寶服用增強免疫力的營養補充品、中藥或巴西蘑菇，並觀察病情的進展。為抑制雌激素的影響，經常會併用泰莫西芬檸檬酸鹽（Tamoxifen citrate）。

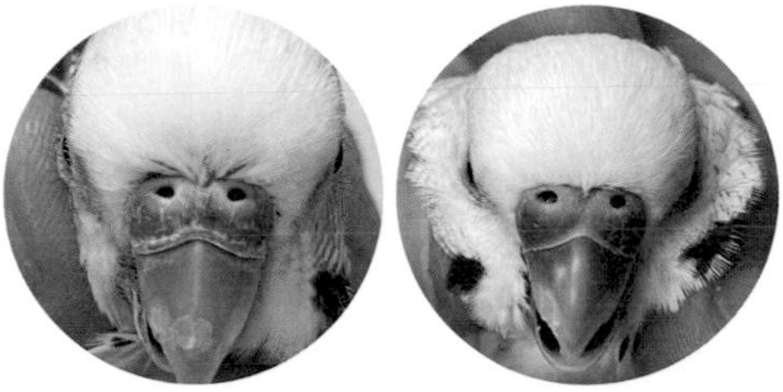

右圖是健康蠟膜的顏色。
左圖是罹病後變色的蠟膜。

關於睪丸腫瘤

〔症狀〕

蠟膜顏色暗沉或呈現褐色，腹部脹大。

〔治療〕

睪丸腫瘤，可透過睪丸切除手術完全根治。但睪丸愈大，手術風險就愈高。如果不動手術，則可服用中藥、巴西蘑菇、泰莫西芬檸檬酸鹽和類固醇等。

〔診斷〕

透過X光檢查，確認鳥兒體內是否形成髓質骨與睪丸是否有擴大。一旦蠟膜顏色發生變化或發現髓質骨，即使睪丸沒有變大，睪丸也有可能已經長出了腫瘤。

卵巢腫瘤

一個半月前切除卵巢腫瘤的虎皮鸚鵡，今天回診進行術後檢查。如果卵巢腫瘤屬於囊狀腫瘤，通常可以被切除。如果是大型的實質固態瘤，通常是無法切除的。超音波檢查可以辨別腫瘤為囊狀腫瘤或實質固態瘤。

下方右圖是手術前的X光片，可以看到一個相當大的腫瘤，正壓迫著腸道。左圖則是手術後回診時拍攝的X光片，可以看到卵巢上的止血夾。止血夾是由鈦製成，可以安全地留在鳥兒體內。

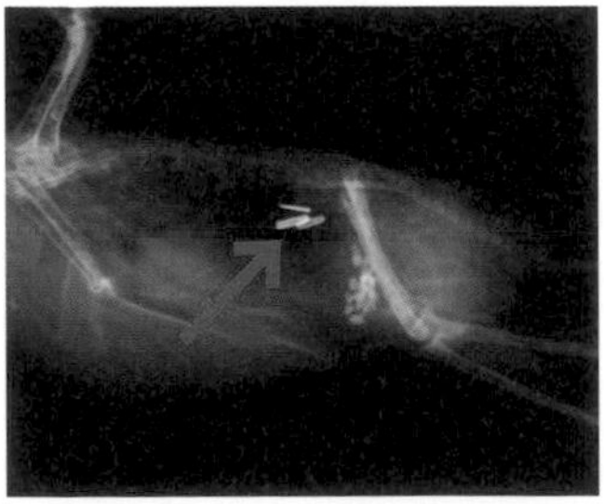

術後回診檢查時拍攝的X光片，腫瘤已經消失，箭頭處為手術時使用的止血夾。

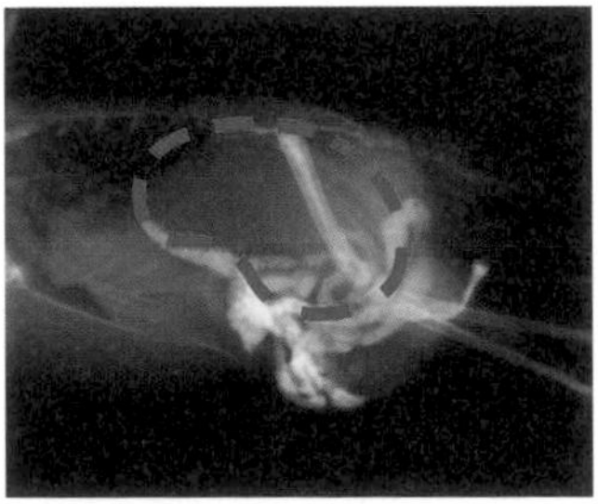

手術前的雌性虎皮鸚鵡，巨大的卵巢腫瘤清晰可見。

雌性小型鸚鵡容易罹患卵巢腫瘤

卵巢腫瘤好發於雌性小型鸚鵡，例如虎皮鸚鵡、桃面愛情鸚鵡、玄鳳鸚鵡等。確切的成因尚待釐清，但可能來自慢性發情或遺傳因素。正常情況下，鳥兒的卵巢只會在身體左側發育，正常的卵巢無法動手術切除，但長出腫瘤的卵巢則可切除腫瘤的部分。

卵巢腫瘤大致分成兩種，①囊狀腫瘤：液體積聚在薄膜內。②實質固態瘤：腫瘤細胞團塊。當腫瘤變大時，鳥兒的腹部也會脹大。如果是囊狀腫瘤，腹部會有彈性；如果是實質固態瘤，腹部則會變硬。但出現腹水時，無論是哪一種腫瘤，腹部都會變得具有彈性。

卵巢腫瘤是以X光和超音波來進行診斷。X光檢查，可透過腸胃道攝影來確定腫瘤的位置；超音波檢查，則可以區分腫瘤為囊狀瘤或實質固態瘤，以及檢查是否存在腹水。

囊狀腫瘤有時能動手術切除，但如果鳥兒狀態不佳，或飼主不希望進行手術，則可以將針頭插入腹部，排出囊腫中的液體。實質固態瘤通常長在背部，且固著不易滑動，大多很難動手術切除。如果手術難度高或飼主沒意願，可以口服中藥、巴西蘑菇、荷爾蒙製劑和類固醇等藥物治療。

關於卵巢腫瘤

〔症狀〕

通常要等到鳥兒腹部變大後才會發現，隨著卵巢腫瘤逐漸變大，會壓迫呼吸系統，導致呼吸困難和食慾不振。

〔治療〕

如果可以手術切除，則建議動手術。如果不能動手術或飼主沒意願，則以口服中藥、巴西蘑菇、荷爾蒙製劑和類固醇等藥物來治療。

〔診斷〕

以X光和超音波檢查，確認是否存在卵巢腫瘤。

蛋阻症

天氣變冷時，也是鳥兒發生蛋阻症增多的時期。因為鳥兒產卵時，副交感神經會占主導地位，使產道放鬆。但天氣寒冷時，交感神經會佔上風，使產道難以放鬆，繼而引發蛋阻症。然而，若太早為鳥兒保暖會更容易發情，所以為了抑制發情，基本上只要將溫度保持在不會對身體造成影響的程度即可，當蛋卵在腹部形成後，就不能讓鳥兒身體變冷。

冬天常見的蛋阻症

每年十一月左右，當天氣開始變冷時，因蛋阻症來看診的案例就會變多。這是因為飼主在天氣轉冷後為鳥寶保暖，結果讓鳥寶會誤以為春天來了，而做出發情和產卵的反應。不過，當鳥寶試圖產卵時，由於周圍溫度過低使身體受寒，結果引發蛋阻症。

鳥類受寒時，為了維持體溫，交感神經會佔上風。然而，雌鳥產卵會讓副交感神經優先運作，使產道放鬆。如果飼主為了防止鳥寶著涼，持續為其保暖，反而會促進發情和產卵。溫度調控是一項難題，若冬天能將溫度保持在不至於生病的程度是最為理想的。

最好的預防措施：溫度控制和飲食限制

如果鳥兒有發情的徵兆，不妨觸摸其腹部，確認是否有蛋形成。如果蛋已成形，請保持適當的溫度，為產卵做準備。如果飲食限制得當，即使在溫暖的環境中，鳥兒也可能不會發情。請飼主平時定期檢查鳥兒的攝食量和體重。

疾病

蛋阻症勿輕信用油偏方

有傳聞說，可以用橄欖油灌腸來幫助有蛋阻症的雌鳥產卵。但這個做法其實沒有任何效果，無法產卵是因為產道不夠放鬆，所以用油灌腸，也無法進入輸卵管內潤滑。出現蛋阻症時，飼主在家裡能做的就是為鳥兒保暖，在抵達醫院前，請持續保溫，直到鳥兒腳部溫暖為止。

輸卵管不能用油來潤滑

古老的養鳥書上有記載，發生蛋阻症時，可在糖水中加入一滴葡萄酒，讓鳥兒喝下，使用橄欖油或蓖麻油進行灌腸，就能順利產卵。然而，我不建議給鳥類餵食酒精類飲品，而且使用油為鳥兒灌腸也無法促進產卵。

發生蛋阻症是因為作為產道的陰道、輸卵管口、排泄孔無法放鬆。如果輸卵管口無法放鬆，油也無法進入輸卵管內進行潤滑。所以即使從排泄孔注入油，也只會進入泄殖腔，並被排出。用油灌腸只會讓油沾汙鳥兒的羽毛，我不建議飼主這麼做。發生蛋阻症時，飼主在家能做的就是為鳥兒保暖，當鳥兒的腳趾變暖就代表體溫夠暖了。

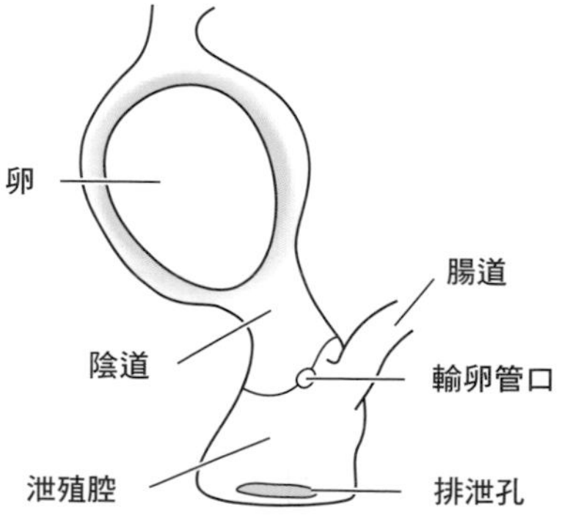

腹部疝氣

通常腹部疝氣發病後一段時間內，鳥兒還是相當有活力，所以獸醫大多會說再觀察一陣子。下圖為虎皮鸚鵡回家觀察一段時間後，腹部疝氣惡化的X光片，這種案例可說層出不窮，許多鳥兒在嚴重惡化後才轉到本院。如果鳥寶發生腹部疝氣，建議盡快動手術治療。

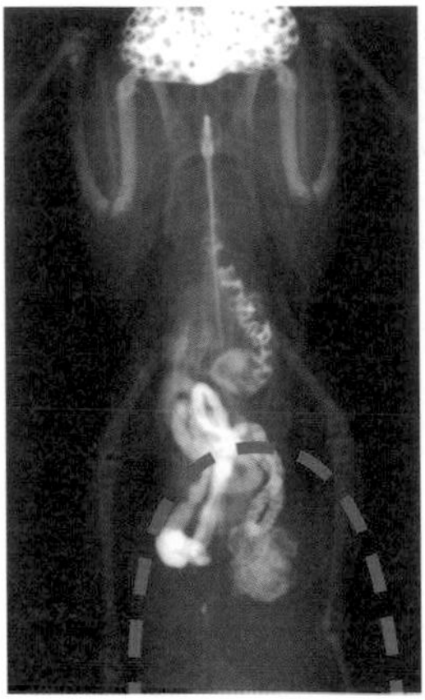

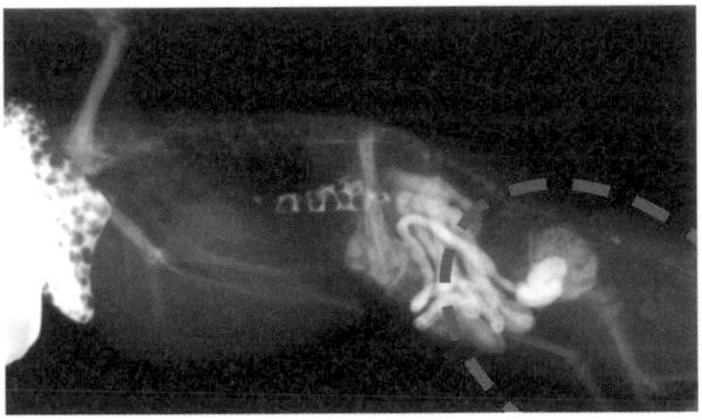

腹部疝氣的X光片，虛線包圍處為疝氣的區域，可以看見佔據了體內很大一部分。

腹部疝氣的情況，圖為內臟從腹壁突出的狀態。

疝氣的特徵：腹部異常突出

腹部疝氣，指的是腹肌斷裂後，內臟從腹腔內脫出形成疝囊的狀態。正常情況下，腸子和輸卵管是被包覆在腹膜腔內，但是當腸子和輸卵管從斷裂的腹肌至肝後中隔間脫出後，就會在皮下形成疝囊。

慢性發情是腹部疝氣的成因。一般認為，鳥卵會使腹肌鬆弛和變薄，如果持續發情產卵，會導致腹肌斷裂。發情也很容易使腹壁鬆弛，所以即使鳥兒沒有產卵經驗也可能得到疝氣。腹部疝氣好發於雌性虎皮鸚鵡身上，但玄鳳鸚鵡、桃面愛情鸚鵡、牡丹鸚鵡和文鳥等也可能罹病。

在早期階段，鳥兒的腹部只會輕微突出，但隨著病情惡化，腹部突出會愈發明顯，疝氣部位的皮膚會因黃色瘤（Xanthoma）而變黃。有時儘管鳥兒的腹部明顯突出，但只要沒有併發症，生活和食慾都不會產生問題。在許多案例中，只要生殖器還正常，鳥兒依然能正常產卵。不過，如果輸卵管掉入疝囊，或者因腹肌撕裂導致鳥兒產卵時無法使勁，則可能發生蛋阻症。

趁疝氣還小的時候動手術進行早期治療

中等大小以下的腹部疝氣，動手術的風險較低。有些醫院，會將疝氣推回腹部，所以不動手術也能繼續正常度日。然而，脫出腹腔的腸子常常會逐漸變粗，某天會突然無法推回腹腔內。當鳥兒併發卵黃性腹膜炎時，腹壁與腸道將發生粘連，使得腸道難以返回腹腔。更甚者，如果疝囊表面的皮膚形成黃色瘤，黃色瘤惡化後會使皮膚增厚，導致手術時容易出血。

許多腹部疝氣的案例都是在觀察期間惡化，手術風險因腹部變得太大而增加，本院收過不少惡化後轉診的鳥兒。所以若愛鳥被診斷出患有腹部疝氣，建議盡快動手術，如果醫院不能動手術，請飼主及早諮詢第二意見（參考第116頁）。

痛風

痛風是因為鳥兒體內的尿酸增加、形成結晶並沉積在關節中，發病時會伴隨劇烈的疼痛。鳥類罹患痛風的原因是腎功能衰竭，高齡、缺乏維生素A、雌性慢性發情、肥胖和缺乏運動等，都是常見原因。

下圖為患有痛風的牡丹鸚鵡腳趾，白色區域是痛風結節。發病後，這隻鳥兒每週都會打點滴和進行電位治療，療程持續了一年半。痛風在發病初期相當疼痛，但隨著病情進展，疼痛會得到緩解，通常可以靠鎮痛藥來控制。

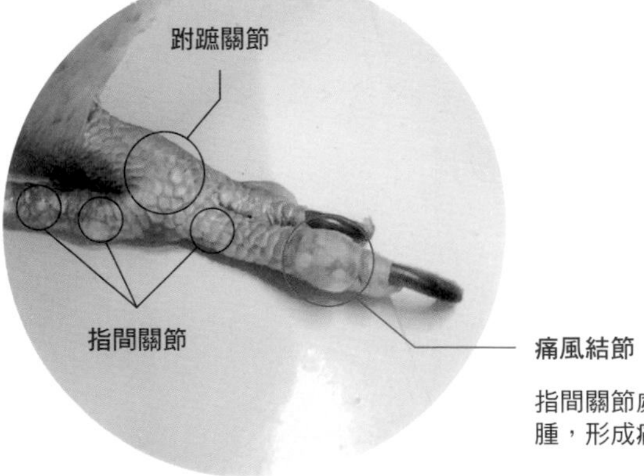

指間關節處呈現白色浮腫，形成痛風結節。

鳥類痛風來自腎功能衰竭

人類的痛風原因不少，可能來自遺傳性的尿酸分泌過多、腎臟排泄障礙；過度攝取肉類、啤酒等富含嘌呤的食物，也會增加血液中的尿酸並引發痛風。雖然病名都是痛風，但鳥類痛風的發病機制與人類不同。

對人類來說，蛋白質及其組成成分氮分解代謝的最終產物是尿素，但鳥類則是尿酸。鳥類腎臟會排出尿酸，換句話說，鳥類痛風是由腎功能衰竭所引起，當腎臟無法排出尿酸，且血液中的尿酸濃度升高時就會發病。當鳥類腎臟失去八成到九成的功能時才會發病。發病時，尿酸結晶會沉積在關節裡，形成白色或黃白色的腫脹突起，這種症狀稱為痛風性關節炎。

尿酸在關節中沉積，會使組織迅速腫脹並發炎，引起劇烈疼痛。一旦痛風發作，病情往往會迅速惡化，結節會逐日變大、指間關節和跗蹠關節會硬化，導致腳趾無法彎曲。

還有另一種內臟痛風，這是尿酸結晶沉積在腹膜和心包的疾病，一旦發病，鳥兒經常會猝死。

鳥類的腎功能衰竭無法進行治療，這也代表了痛風無法治癒。為了減緩痛風的進展，獸醫會用尿酸合成抑制劑，或以鎮靜劑來緩解疼痛。

關於痛風

〔症狀〕

指間關節、跗蹠關節、跗骨關節處有白色或黃白色的突起。

〔診斷〕

根據病徵進行診斷，血液檢查的尿酸值會升高。

〔治療〕

●使用尿酸合成抑制劑
●使用鎮靜劑（緩解疼痛）

疾病

趾瘤症

如果鳥兒長時間站在飼料盒邊緣，可能會罹患趾瘤症。這種情況下，飼主可以更換飼料盒和改良棲木來改善腳的病況。天然棲木不僅可以治療和預防趾瘤症，還能讓鳥兒啃咬，使其行為豐富化，在現有的棲木上纏上保護膠帶也能有效地改善趾瘤症。

鳥寶的腳趾也會長繭

趾瘤症是一種腳趾腫脹的疾病，如同人類的老繭或雞眼。當鳥兒腳趾的負重沒有平均分散，而是集中於一處時，就會引發趾瘤症。腳趾的部分角質會變硬、突起，當炎症惡化時可能會形成肉芽，肉芽會逐漸被較硬的組織取代，導致腳趾變粗。如果出現褥瘡，部分皮膚將會壞死，或者發生感染，造成膿液積聚。

成因包括肥胖、棲木的粗細和鳥寶不合、習慣站在堅硬的棲木或飼料盒邊緣等較細窄的位置。治療時主要是用消炎藥；發生感染時，則使用抗生素。如果是因為肥胖，可以透過飲食限制和運動來減輕體重。飼主也可以藉由改善生活環境，來減輕鳥寶的腳趾負擔，例如更換為粗細合適的棲木，用彈性繃帶包裹棲木或使用天然棲木等。

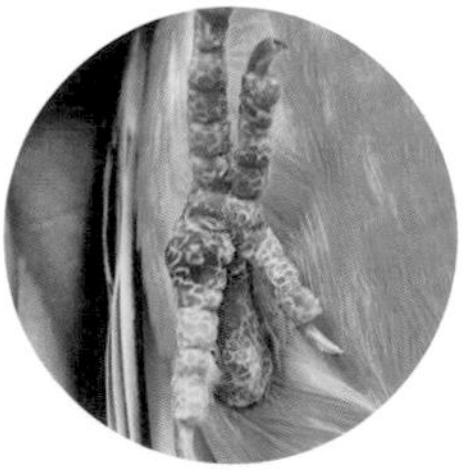

虎皮鸚鵡的腳趾背面發生趾瘤症，原因為肥胖導致體重過重。

有人認為將鳥兒放在人類手上會剝奪鳥兒的體溫，但這不是事實。如果飼主直接用手觸碰沒有羽毛的鳥兒皮膚，才會被剝奪其體溫。羽毛會形成空氣層，具有隔熱效果，人體的熱量不會直接傳遞給鳥兒。所以，當人類實際觸摸鳥兒時，不會覺得鳥兒的體溫高達40°C。

當飼主用手包裹住鳥寶時，可以防止鳥寶的體溫散發，達到保暖的效果。人的手在靜止時的平均溫度約為32°C（※），保持房間溫暖，將鳥寶輕輕包裹在手中，讓鳥寶周圍的空氣溫度維持在30°C左右，就十分溫暖了。鳥兒被人擁抱時，身心都會感到溫暖。所以當愛鳥身體虛弱時，可以用這種方式免除鳥寶的不安。

鳥類不會罹患花粉症，而且我也從未見過鳥類患有食物過敏、氣喘或異位性皮膚炎等過敏性疾病，這些疾病在鳥類中極為罕見。所以即使鳥兒打噴嚏、咳嗽、因過度理毛而產生搔癢症狀，也都不是過敏引起的。

※人的手部溫度沒有深層體溫高，而是取決於環境溫度，通常會比正常體溫還低。

鉛中毒

最常造成鳥類鉛中毒的原因是誤食窗簾的加重鉛墜。許多窗簾都附有加重鉛墜，請飼主檢查家中窗簾的邊緣，如果加重鉛墜與窗簾編織在一起，建議將其去除。鉛中毒的症狀包括完全不進食、嘔吐、食滯、抑鬱、痙攣和腳部強直性麻痺等。

左頁圖片是玄鳳鸚鵡鉛中毒後的排泄物，除了糞便變成深綠色，尿酸還會呈現粉紅色。鉛會造成溶血，肝臟需要處理溶血所產生的大量血紅素，進而產生大量膽綠素從膽汁排出，使糞便變為深綠色。當紅色的血紅素從腎臟排出時，尿酸會變成粉紅色。

家中發生的鉛中毒事件多與窗簾的加重鉛墜有關

重金屬中毒是一般家庭中鳥類最常發生的中毒事件，其中最常見的是鉛中毒，而原因大多來自防止窗簾擺動的加重鉛墜。鉛墜通常會縫在窗簾靠近地板側的邊緣，雖然鉛墜非常小，但有不少鳥寶出籠活動時，會把窗簾加重鉛墜當成玩具啃咬，類似案例堪稱層出不窮。一旦鳥寶發現鉛墜，就會用嘴扒開布料並啃咬裡面的鉛，甚至將其吞下。請飼主仔細檢查家中的窗簾，如果有鉛墜請將其拆除，營造一個安全的環境。

其它含鉛物品包括釣魚鉛墜、電池電極、焊料、玻璃和陶瓷製的電子元件、水晶玻璃、彩繪玻璃、吊燈、酒瓶蓋、高爾夫球桿加重鉛片、網球拍加重鉛片和隔音防震墊等。

鳥兒是用喙部啃咬並吞食鉛，所以金屬中毒往往發生在鸚鵡類的身上，雀科類很少發生金屬中毒。

金屬中毒的症狀、診斷和治療

鳥兒攝取的鉛，會在胃中逐漸被溶解吸收、進入血液中，然後隨著血液輸送至全身器官，引發胃腸道黏膜上皮壞死、溶血（紅血球被破壞）、骨髓抑制和腦水腫等。這會導致食慾不振、嘔吐、貧血、便血、血尿、深綠色糞便、綠色至粉紅色的尿酸、痙攣以及腳部或腳趾麻痺等症狀。

獸醫會根據病徵和X光檢查進行診斷，X光檢查可以看到嗉囊或胃中的金屬碎片。明確診斷則需要利用血液檢查，來測量血液中的鉛濃度，由於需要抽血，一般情況下不會積極進行。

部分金屬中毒的案例需要住院治療。藉由皮下輸液改善脫水症狀，使用胃腸動力藥恢復胃腸道蠕動，並投予金屬螯合劑和解毒劑。如果中毒症狀及早改善，鳥兒在內科治療之下能恢復健康，但如果金屬無法排出體外，就需要動手術來取出肌胃中的金屬碎片了。

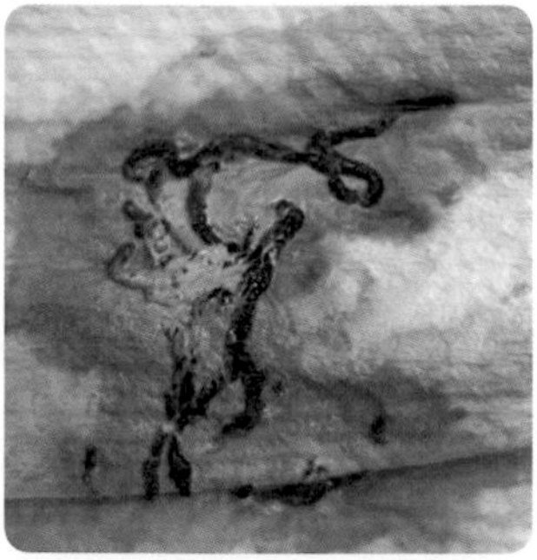

罹患鉛中毒的玄鳳鸚鵡的排泄物。

氣體中毒

鳥類的氣體中毒有兩種：一是吸入的物質引起肺水腫，導致呼吸困難，起因可能跟烹飪相關物質或有機溶劑有關：另一種是吸入有毒氣體引發的中毒，主要是由殺蟲劑引起。烹調時必須注意煙霧和氣味，如果家中在進行塗裝，則要關門並使用空氣清新機，在鳥寶活動的房間內要避免使用有機溶劑和殺蟲劑。

很多殺蟲劑有使用除蟲菊精（pyrethroid），除蟲菊精具有「毒性選擇」的特性，是一種神經毒素，可作用於昆蟲類、兩生類、爬蟲類的神經元受體。但對哺乳動物和鳥類則沒有毒性選擇，所以殺蟲劑的說明上會標示對寵物無害。但實際上，殺蟲劑或燻煙劑可能會引發鳥類的中毒症狀，因此飼主不僅要避免在有鳥兒的空間使用，還要避免在附近的房間使用。

氣體中毒的四大原因

①食用油的煙

食用油溫度超過200℃會產生煙霧，鳥類吸入時會引起氣體中毒。如果鳥寶在飼主做完飯後感到身體不適，原因大多來自食用油煙。

②鐵氟龍煎鍋產生的氣體

用氟碳塗料（俗稱鐵氟龍）加工的煎鍋，也會產生讓鳥兒氣體中毒的有毒氣體。氟碳塗料在溫度超過260℃時會開始劣化，超過350℃時會分解並產生有害氣體。在正常的烹飪溫度下，幾乎不會產生有害氣體，但空燒或將氟碳塗料加工的烹飪器具放入烤箱，則會產生有毒氣體。許多人會按照說明書，在初次使用前空燒，結果導致鳥兒吸入空燒產生的有毒氣體而引發中毒。

③油性塗料、工藝用接著劑、貼紙清除劑

近年來，多數的房屋外牆都用水性塗料，但偶爾還是會用油性塗料。

鳥類身體很容易吸收空氣中的各種化學物質

由於鳥類的身體飛行時需要快速供氧給肌肉，而具備非常高效的呼吸系統。這種呼吸系統不僅能迅速吸收氧氣，還能快速吸收空氣中的各種化學物質。如果鳥類吸入與人類等量的化學物質，將比人類更容易吸收。所以鳥類吸入有毒氣體時，才會出現急性中毒症狀，並對肺部或氣囊造成損害，陷入呼吸衰竭。

鳥類急性氣體中毒的原因包括：烹飪油煙、塗料、工藝黏著劑和噴霧殺蟲劑等。

氣體中毒的症狀分成兩大類：一是吸入的物質引起肺水腫，使體內的空氣流動受阻，無法吸入氧氣，造成呼吸困難。鳥兒會出現張嘴呼吸、呼吸急促、濕潤的呼吸聲、紫紺等症狀；X光檢查中肺部會呈現白色。治療方法包括將病鳥安置於氧氣室，使用類固醇或利尿劑，並等待肺部水腫消退，通常要一段時間才能完全治癒。如果肺水腫未能及早改善，鳥兒通常無法存活。

二是吸入有毒成分引起的中毒症狀，會出現痙攣、意識障礙、腳部強直性麻痺、嘔吐和呼吸急促等症狀。治療方法包括皮下輸液和對症治療。如果不及早改善，通常會出現多重器官衰竭，終致無法挽救。所以飼主要多多留意飼養環境。

油性塗料中含有有機溶劑，特徵是稀釋液的臭味。工藝或塑膠模型使用的接著劑、貼紙清除劑、美甲材料也含有有機溶劑。

④噴霧殺蟲劑

殺蟲劑的有效成分中包括除蟲菊精、有機磷類和氨基甲酸鹽類等，目前90%以上的殺蟲劑都含有除蟲菊精成分，蚊香中的有效成分也有除蟲菊精。除蟲菊精是一種神經毒素，具有「毒性選擇」的特性，可作用於昆蟲類、兩生類、爬蟲類的神經元受體。但對人、哺乳動物和鳥類的神經元受體沒有毒性選擇，所以被認為是安全性很高的殺蟲劑。

但過去有發生飼主直接向鳥兒噴灑噴霧殺蟲劑，結果導致中毒的案例。鳥兒發生搔癢症狀時，飼主以為是蟎蟲引起，而直接對鳥兒噴灑噴霧殺蟲劑，儘管飼主是使用鳥類專用的噴霧殺蟲劑，但直接往身上噴灑，結果還是導致鳥兒中毒。

如果人類或哺乳類動物吸入過量除蟲菊精的殺蟲劑，有時也會引發中毒症狀。

燙傷

過去曾發生鳥兒跳入加熱中的鍋子或熱烏龍麵的案例，體型愈小的鳥，愈容易發生大範圍嚴重燙傷，因為鳥類的嘴部、頭部、胸部、腹部和腳部都會浸泡到熱水。加上鳥類的皮膚很薄，腳趾更是只有骨頭和皮膚，所以很容易壞死。請切記勿在烹飪或用餐時讓鳥出籠活動。

偶然的意外事故 小心即可避免

所有可能發生在家中的鳥類事故中，燙傷帶來的痛苦拖延最久，而且需要長時間才能痊癒。鳥類的體型小，代表容易造成體表的大範圍燙傷，加上皮膚很薄，會輕易發展成重症。如左圖所示，燙傷根據深度可分為四種等級。

燙傷一不小心甚至會成為致命的嚴重事故。但只要多加注意，其實是可以預防的。當飼主在煮飯、用餐、使用發熱型機器時必須時刻小心，例如煤油暖爐、電熱水瓶、電子鍋、熨斗、剛泡好的茶或咖啡等。

治療燙傷會使用抗生素，來防止皮膚發炎和預防感染，等待皮膚再生。如果是腳趾燙傷，很容易發生三度燙傷，這種情況下，皮膚需要更長的時間復原，有時皮膚變乾燥會導致腳趾壞死，所以可用濕潤療法（※）預防腳趾乾燥。萬一燙傷面積較大，也可能會無法挽救。

※濕潤療法：一種用傷口敷料覆蓋患處，以保持患處濕潤的治療法，與保持患處乾燥的傳統治療法不同。由於鳥兒腳趾的組織很少，一旦腳趾變乾燥，血液流動可能會不順暢，導致腳趾壞死。濕潤療法可保持患處濕潤，防止患處變硬和萎縮。

燙傷的深度分級

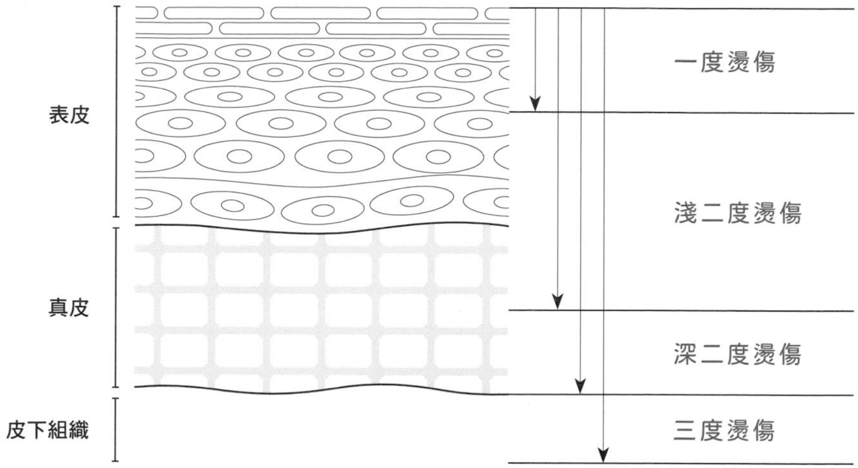

一度燙傷

輕度燙傷，只有表皮受損，皮膚會出現輕微的紅腫，但好轉得很快，如果鳥兒短暫觸碰到熱的東西，就會造成一度燙傷。

淺二度燙傷

表皮至真皮淺層受損，與一度燙傷相比有明顯的紅腫，燙傷後24小時內會出現紅色水泡或水腫，並伴隨疼痛感，需要2～3週才能完全治癒。

深二度燙傷

表皮至真皮深層受損，如果損傷深入至真皮深層，皮膚可能會出現嚴重紅腫，並形成白濁的水泡。由於知覺變得遲鈍，最初可能不會感到疼痛，但隨著時間推移會逐漸出現痛感，需要3～4週才能完全治癒。

三度燙傷

全層皮膚或更深層的部分受損，發生三度燙傷時，患處表面會被壞死的組織覆蓋，皮膚從白色或黃褐色逐漸壞死，最後變成黑色。因神經損傷導致知覺失去功能，所以剛燙傷時不會感到疼痛，但治療過程中會常常出現劇烈疼痛。根據燙傷的部位，可能需要一個月以上才能痊癒。如果熱水浸入羽毛會造成長期熱損傷；腳部浸入熱水中，也會導致三度燙傷。當燙傷面積太大且病情嚴重時，鳥兒通常無法存活。

低溫燙傷

桃面愛情鸚鵡很容易發生低溫燙傷，保暖時要多加注意。圖中是站在暖暖包上導致左腳第一趾低溫燙傷的桃面愛情鸚鵡。牠們經常會久站在電暖器上直到被燙傷為止。所以以較安全的作法，是將瓦數較高的電暖器設置在籠外，並使用自動調溫器。

低溫燙傷也會造成重傷

當長時間接觸溫度略高於體溫（44～45℃度）的物體時，就會發生低溫燙傷。低溫不一定代表輕傷，根據接觸的時間，可能會造成前一頁介紹的一～三度燙傷。

桃面愛情鸚鵡的腳趾常發生低溫燙傷，常常是飼主發現鳥寶的腳趾會疼痛時才會發現。牠們不是因為動不了才引發燙傷，也或許是桃面愛情鸚鵡對輕微的疼痛很遲鈍所致，但不逃走的確切原因尚未釐清。

當然，低溫燙傷也會發生在其他鳥類身上，除了一次性暖暖包外，20瓦的寵物電暖器也可能造成低溫燙傷，20瓦的寵物電暖器摸起來雖然不燙，但直接站在電暖器上面，將會導致鳥腳低溫燙傷。如果要在籠內放置20瓦的寵物電暖器，請務必將電暖器蓋住，或在籠子外設置瓦數更高的電暖器保暖，防止鳥寶直接接觸到電暖器。

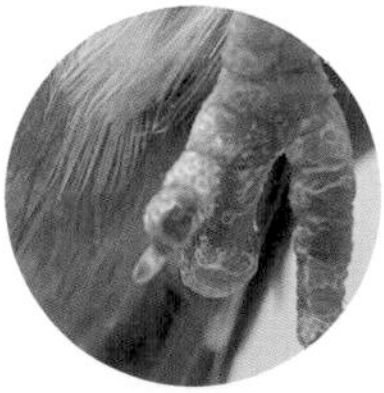

被低溫燙傷的桃面愛情鸚鵡的腳趾

INDEX

鳥類品種別INDEX

單字別INDEX

國家圖書館出版品預行編目(CIP)資料

鳥醫生的養鳥小百科 ：25種常見家鳥，從鸚鵡、文鳥到雀科，與啾星人交心的飼養訣竅／海老澤和莊著 ；林佑純譯. -- 初版. -- 新北市：幸福文化出版社出版：遠足文化事業股份有限公司發行，2022.07
面； 公分. --(好生活；24)
譯自：鳥のお医者さんのためになるつぶやき集
ISBN 978-626-7046-73-9(平裝)

1.CST: 鳥類 2.CST: 寵物飼養

437.794 111005584

鳥醫生的養鳥小百科

25 種常見家鳥，從鸚鵡、文鳥到雀科，與啾星人交心的飼養訣竅

鳥のお医者さんのためになるつぶやき集

作 者：海老澤和莊
譯 者：林佑純
審 定：李照陽
責任編輯：高佩琳
封面設計：FE 設計
內頁排版：鏍絲釘

總 編 輯：林麗文
主 編：林宥彤、高佩琳、賴秉薇、蕭歆儀
行銷總監：祝子慧
行銷企劃：林彥伶

出 版：幸福文化出版社
地 址：231 新北市新店區民權路 108-1 號 8 樓
粉 絲 團：https://www.facebook.com/happinessbookrep/
電 話：（02）2218-1417
傳 真：（02）2218-8057

發 行：遠足文化事業股份有限公司
地 址：231 新北市新店區民權路 108-2 號 9 樓
電 話：（02）2218-1417
傳 真：（02）2218-1142
電 郵：service@bookrep.com.tw
郵撥帳號：19504465
客服電話：0800-221-029
網 址：www.bookrep.com.tw

法律顧問：華洋法律事務所 蘇文生律師
印 製：通南彩色印刷

初版一刷：西元 2022 年 07 月
初版三刷：西元 2024 年 03 月
定 價：380 元

ISBN：9786267046739（平裝）
ISBN：9786267046869（EPUB）
ISBN：9786267046852（PDF）

Original edition creative staff
Illustrations : BIRD STORY、Hideo Soneta (Soneta Finish Work)
Book design : Naoki Kurosu
Editor : Aya Ogiu (Graphic-sha Publishing Co., Ltd.)